装修验收全能百科王

许祥德 著

江西科学技术出版社

事先做足功课，免走装修的冤枉路

99平方米的房子，装修预算要多少？局部装修可以怎么做？每间房子都是辛辛苦苦打拼而来的，即使预算只有几万元，也希望能够打造出自己理想的家。设计师设计得不漂亮，最多影响视觉美感，若是工组把工程做坏，问题就严重了！不仅影响居住的生活品质，甚至会造成公共安全问题，即使花钱都未必能消灾。过去的我曾经因为专业性不足，造成后续管理不善而导致失败，在自我检讨后发现，不只像我这样的设计师会被当作“傻子”，普通业主更容易因为相关知识储备不充分、专业性不够，被糊弄后还要承担经济损失。想要不被当成“傻子”，最好、最有效的方法就是先做功课，所有的工组及装修工人终归不敢骗懂行的人。

在从事教学的路上，我陆陆续续地发现同行、业主以及学生都受到了不该有的对待。近年来某些号称专业的施工人员，敬业精神及专业技术却不如以往，恶劣者甚至只会一味地欺骗、讹诈，不但造成建筑材料的浪费，也耗损业主宝贵的时间与精力。尽管随着知识的普及、网络的发展，许多业主已经有先见之明地利用各种渠道搜寻需要的信息，但无奈网络信息良莠不齐，反而让业主雾里看花、不明所以。

自从推出《监工完全上手事件书》及《建材监工宝典事件书》后，我便得到了读者的强烈支持，还有各方的指教，大家对于“监工”“验收”求知若渴，无论是在课堂上，还是与业主或同行的讨论中，都让我了解到各方对于监工验收这门实务的相关知识有多么渴望与重视。此外，多年的教学经验也让我强烈地感觉到，尽管大多数的设计师对于空间美感有独特的设计风格，对于建材、工程的了解却是一知半解，殊不知，在科技发达的现代，建材种类日新月异，设计师或业主若无法搜集正确信息，极有可能用错工法，造成施工不当的憾事。

有感于此，我决定推出本书，除了整合《监工完全上手事件书》及《建材监工宝典事件书》的精华，加以补充新的知识外，更希望经由书中提供的图文解说，让有需要的业主、设计师及工组，共同在装修工程里“监工并验收”，打造更美好的空间。本书不仅有材料的准备与运用，也有工法上的流程，以及我在教授过程或实践中经常遇到的问题，希望与大家分享；本书大量运用图片、表格，为读者整理出施工注意事项、基本的施工流程、监工的备忘录等，读者在施工时，可将之作为监工验收的基本依据，减少不必要的争执。

希望本书能唤起相关人员的专业精神，也让广大业主对于装修不再望而生畏，最希望的还是能够提升整体的施工质量，打造更美好的空间及生活品质。

目录 Contents

施工前 拆除 泥作 水 电 空调 厨房 卫浴 木作 油漆 金属 装饰

▲

Chapter 01

施工前必知

开工前，先搞懂尺寸、估价单、材料和人员进出、工组衔接点等方面的监工要诀！

做装修时，钱和时间是两大要素，而屋况、建材、投入人力、平面设计等都会影响这两大要素。估价时，要掌握各种尺寸换算，避免对方取巧以不同的单位来报价，造成相对较便宜的错觉。

由于施工得考虑到材料和人员进出，以及实际工作天数、与各工组之间的衔接，把各项工程的施工时间掌控好是一门大学问。定时和专业人员开会讨论工作进度，或者是使用备忘录，都能够让施工过程进行得更加顺畅。

项目	☑必做项目	注意事项
抓预算	1. 了解建材、工资行情； 2. 以平面图作为估价基准	1. 预算与完工期望值是否对等； 2. 估价单要注明厂商、规格、尺寸、颜色、型号、包含哪些费用
抓工期	1. 特殊建材用得越多，工期越长； 2. 工期和面积、屋况、投入多少人力有关	1. 工期的影响因素有主观和客观之分，需考虑天气、屋况等客观因素； 2. 准备工程进度建议表
付款方式	1. 依照工程进度采用“阶梯式付款”方式； 2. 与施工者口头约定所造成的损失，由业主自己承担	1. 采用汇款方式取代现金付款； 2. 施工有问题或要改设计时，切忌直接找现场的施工人员，务必找监工人员沟通
认识监工图与工具	1. 每个空间都有 3 张平面图、4 张立体图，须精准标出施工工程位置； 2. 监工务必携带测量工具，并以数码相机、智能手机拍照	1. 注意垂直、水平、直角三个要素； 2. 留意施工尺寸是否与图纸相符
禁忌与敦亲睦邻	1. 主动告知居委会和邻居，并张贴公告； 2. 公共空间保护工程	提醒施工人员不要让噪声、垃圾等给邻居造成困扰

施工前常见问题

（1）找了两家厂商来估价，选择了便宜的那家，实际进行时却一直追加预算。（如何避免，见 012 页）

（2）搬家日期定在两个月后，怎么确定能否如期完工入住？（如何避免，见 014 页）

（3）选定的施工单位还没开始做，就要求付订金，应该付吗？（如何避免，见 018 页）

（4）请设计师画图自己监工，拿到一堆图后到底要怎样监工呢？（如何避免，见 022 页）

（5）设计图确认后准备施工，家人才说这样设计不好，又要重画设计图多花钱。（如何避免，见 030 页）

Part 1

抓预算

黄金准则：花一分钱，永远只能得到一分货。贪小便宜当心因小失大。

早知道，免后悔

同样是油漆粉刷，价格却有高有低。对于装修这件事，谈钱总是让人伤心又费神，每次遇到客户含糊地问："XX 平方米的房子，重新装修要多少钱，你给估个价吧！"对于这个问题，我实在不知道如何回答。90 多平方米的房子，要花几十万元装修也没问题，即使预算只有几万元，也不是不能做，重点是业主对成品的期望值是否符合装修行情！

不想被骗的话，最有效的方法就是先做功课，所有的装修工人终归不敢骗懂行的人。不管是全室装修或是局部翻修，先打听好材料行情、合理的工资，就不用害怕被骗。

估价方式可分为两种：

1. 已经有平面图，直接找厂商估价

建议找三个工人或厂商分别估价，就他们提出的估价讨论施工的内容、工法、材料，在相同的条件下，价差通常不会超过 1 成，而且在估价讨论中，还可以看出工人及厂商的专业程度，比较容易做出合理的选择。

2. 找设计师画平面图并估价

同样可以选择两至三位设计师，以相同的预算、施工条件请设计师分别画出设计图。虽然坊间有许多设计师声称可免费绘图，但从使用者付费的角度考虑，建议你准备制图费用的预算。通过设计师的平面图规划，以及参考该设计师之前的作品，可以帮助你选

常见的估价错误

不是所有的建材都适用大面积 ÷ 小面积的算法，以一个长 305 厘米、宽 270 厘米的空间为例，地板要铺设 60 厘米 ×60 厘米的瓷砖，你认为要订购多少块呢？

用"面积"计算：
305×270÷（60×60）=22.8
订购 23 块瓷砖就够了。

用"长"和"宽"分别计算：
305÷60=5.08
270÷60=4.5→6×5=30
至少需订购 30 块瓷砖（不含耗损）。

老师建议

先做功课，对预算心里才有底。

择适合的设计师。

拿到平面图，建议在确认所有细节图及工法后，再请设计师精准估价，如此对设计师、工组、业主三方才能都有保障。一般设计师习惯使用的估价单格式，可分为空间估价及工项估价两种，其优缺点如右表：

估价方式	优点	缺点
空间估价	依照各空间可看出成本结构，容易就单项删减调整预算	无法看出实际工程的细目价格，以及使用的材料品质，往往造成该花的钱没花、该省的钱没省
工项估价	可以根据材料的选择增减预算，也较易看出详细的施工细目价格	如果在平面图尚未定案前，就请设计师进行概估，在实际施工后比较容易出现纠纷

老师私房小贴士

考考设计师，评判其工程专业度

在绘制平面图阶段，可要求设计师提出材料及工法建议，以及施工的基本流程、品质要求等，这样就可测试出设计师对工程部分的熟悉度

小心！估价单中藏陷阱

◎ 尺寸单位要注意一致。

◎ 搬运费、楼层费等费用是否包含在内，务必于估价单中注明。

◎ 施工项目、材料的规格，一定要写清楚。

◎ 施工各环节的时间，须事先确认清楚，如施工前几日，材料必须送达现场。

Part 2

抓工期

黄金准则：特殊建材用得越多，通常工期会越长。

早知道，免后悔

张先生家翻修，拆除浴室才发现，前业主将阳台外推做成浴室空间，但外推工程做工粗糙，遇到大地震会有塌陷的危险，加上管线老旧不堪使用，工程只能暂停，等设计师变更设计后再说。新房装修一般不会碰到大问题，工期也比较好掌控，而二手房装修若是包含拆除工程，工程时间会难以精准预测。

一般来说，预估工期要考虑到主观和客观因素。

1. 主观因素

主观因素包括各社区规定的施工时间、公休日、连续假期、淡旺季等。

2. 客观因素

（1）非人为控制的环境因素，包括强风、雨季等。

（2）房子自身状况，包括建筑物过于老旧、原始的改建有危险、违章建筑，以及白蚁、虫蛀、壁癌、损害邻居建筑物等问题。

此外，如果业主希望使用特殊建材，无论进口或是定制都需要额外时间，也会影响工程进度。一般新房不改隔间只进行简单木作需要 1 ~ 1.5 个月，老屋的话至少 3 个月比较合理。

掌握装修进度三步骤

第一步：
申请建筑物原始建筑图

包括平面图、竣工图原始尺寸的大小，彻底了解房屋原始状况，避免中途变更设计而浪费时间。

老师建议

先参考原始建筑平面图，确认结构状况，避免装修时走冤枉路、花冤枉钱。

掌握工期总汇

要有设计备忘录	采购建材注意进货时间
专业的设计师会提供设计备忘录或设计需求表，详载各个空间的功能或家具摆放位置，可行性也需要经过设计师与业主确认	无论自行采购还是代购，购买产品之前，可邀请工组或设计师陪同前往商店看产品
准备备忘录，可将许多口头约定记录下来，避免业主或施工单位设计师随便承诺事后反悔而引起的不愉快	若是自行采购材料，那么时间应由业主或工组来协调，并配合工组的施工进度将材料运进场，否则如因时间配合不恰当而延迟施工进度，则业主必须自己承担损失

第二步：
检查结构与是否有违建

拿到建筑物原始建筑图后，可看出有无违建、房屋原始结构等情况，有问题的地方，利用这次翻修一并处理。

▶▶

第三步：
利用淡旺季调配工期

单一的小工程尽量利用淡旺季优势调配工期，例如冬天进行空调工程，夏天改装燃气管线等，这样就不用担心找不到工人了。

装修工程流程清单①

项目	流程	面积/人数/天数②
拆除	做防护→公告→断水电→配临时水电→拆木作→拆泥作→拆窗→拆门→清除垃圾	99～231平方米/4～8人/3～6天
砌砖	做1米水平线→放地线（隔间）→立门窗高度调整→砖淋水→水泥拌和→地面泥浆→植钉、筋→置砖→泥浆清除→放眉梁（门窗部分）	9.9～66平方米/2～4人/1～3天
壁面水泥粉刷	水泥拌和→贴灰饼→角条→打泥浆底→粗底→刮片修补→粉光	66～165平方米/2～4人/3～天
门窗防水收边	泥浆加防水剂拌和→拆临时固定材→置泥浆→收内角→抹外墙泄水面	66～99平方米/2人/2天
贴壁砖	放垂直水平线→定高度→贴收边条→拌贴着剂→贴砖→抹缝	33～66平方米/3～5人/2～4天
地面瓷砖湿式工法	地面清洁→地面防水→测水平线→水泥砂拌和→地面水泥浆→修水平→置水泥砂→置瓷砖→敲压贴合→测水平	66～99平方米/3～5人/2～4天
地面瓷砖干式工法	地面清洁→地面防水→测水平线与高度灰饼→水泥砂拌合→地面水泥浆→置水泥砂→试贴瓷砖→取高瓷砖检查瓷砖底部→修补砂量→置水泥浆→放置瓷砖→敲压贴合→测水平	66～82.5平方米/2～4人/3～5天
木作天花板（分平铺和立体）	测水平高度→壁面龙骨→天花板底龙骨→立高度龙骨→钉主料、次料、龙骨→封底板	49.5～82.5平方米/4～6人/10～20天
立木作柜（分高柜和矮柜）	测垂直水平→定水平高度→钉底座→钉立柜身→做门板、隔板、抽屉→封侧边皮→锁铰链、隔板五金、滑轨→调整门板	66～99平方米/2～4人/1～30天③
木作壁板	立垂直水平线→放线→下底龙骨→钉底板→贴表面材	66～99平方米/2～6人/2～5天
木作直铺式地板	地面清洁→测地面水平高度→置防潮布→固定底板→钉面板→收边	66～99平方米/2～4人/1～3天
木作架高式地板	地面清洁→测地面水平高程→置防潮布→固定底龙骨→置底夹板→钉面材→收边	66～99平方米/2～4人/2～4天

项目	流程	面积／人数／天数
立金属门窗	旧窗清除→立内窗料→调整水平、垂直→防水收边→置内窗→固定玻璃→固定或放置纱窗	6 ~ 15 窗／2 ~ 4 人／1 ~ 2 天
轻钢架隔间	地壁面放线→钉天花板、地板底料→立直立架→中间补强料→开门窗口→单面封板→水电配置→置隔音或防火填充材→封板	66 ~ 132 平方米／2 ~ 4 人／2 ~ 3 天
木作物玻璃固定	确定厚度→固定木作物的水平垂直→置玻璃→收边固定→擦拭	2 ~ 10 窗／2 ~ 3 人／1 ~ 2 天
木皮板油漆	砂磨→底漆→染色→二度底漆→砂磨→面漆	2 ~ 4 人／5 ~ 8 天
油漆（墙面：水泥墙、木板墙、硅酸钙板）	防护→补土→批土→砂磨→底漆→面漆	132 ~ 264 平方米／2 ~ 4 人／6 ~ 10 天
一对一壁挂空调机	确认空调机水电位置→冷煤、排水、供电配置→待木作与油漆完成→固定室内机→抽真空→测试	3 ~ 6 组／2 ~ 4 人／2 ~ 3 天
隐藏式空调机	确认内外机配置位置→固定内机与配置风管→放置回风板→水电配置→待木作与油漆完成→置室外机→抽真空加冷媒→测试	3 ~ 6 组／2 ~ 4 人／3 ~ 5 天
安装马桶	对孔距→固定底座→置水箱→测试	2 ~ 4 组／1 ~ 2 人／1 ~ 2 天
安装嵌入式灯具	确定孔距→确定天花孔位→挖孔→回路配线→置灯固定→测试	20 ~ 60 个／2 ~ 3 人／1 ~ 2 天
安装厨具	水电位置完成→壁面瓷砖→燃气抽风口取孔→立上下框→固定高柜→铺台面→挖水槽→安装抽油烟机、水槽、龙头→门板固定调整→封背墙、踢脚板→防水收边→测试	210 ~ 350 厘米／2 ~ 3 人／1 ~ 2 天
安装浴缸	泥作侧撑防水完成→测排水高度与水平→置浴缸	3.3 ~ 9.9 平方米／1 ~ 2 人／1 天
贴壁纸	补土→刮泥子→擦防霉剂或底胶水→放线→贴天花板→壁板→腰带	66 ~ 396 平方米／2 ~ 4 人／2 ~ 4 天
水洗或抿擦细石材	放线→钉伸缩缝木条→水泥与细石材拌和→镘抹→水洗（或海绵擦拭）→去木条→收防水缝	19.8 ~ 66 平方米／2 ~ 6 人／1 ~ 3 天

注：① 本表内的数据仅供参考，以惯例拆除工程 300 元／天，其他工种 400 ~ 500 元／天，按面积计算。具体情况以当地实际情况为准。

② 面积／人数／天数，面积条件相同的情况下，以最少人数对应最多天数，或是最多人数对应最少天数，举例：拆除 99 平方米房子若是 4 人同时进行，最多约花 6 天，6 人同时进行，则约 3 天可完成。

③ 若柜体尺寸相当，系统家具为 2 ~ 4 人／3 ~ 5 天。

Part 3

付款方式

黄金准则：尽量用汇款方式（有白纸黑字+个人准确资料）取代现金付款。

早知道，免后悔

好不容易等到设计师通知完工可以验收了，王太太满心欢喜地去看新装修好的房子，却发现浴室有块瓷砖的一个小角裂了，追求完美的王太太大发雷霆，扬言如果不换新的，要扣掉 22 252 元的尾款。一个小裂缝被扣 22 252 元，工人、设计师心里都不爽，不管王太太是否已经看好日子要搬进房子，就拖着工程不走，等到王太太全家不得不搬进去，一状告到法院却败诉。

过去在收、付款项时，收款的人只在估价单上签个姓氏就表示已收款。现在你还是这样付款吗？骗子不上门才怪！曾有一次某人声称来收几万元钱的工程款项，只签了一个姓，没过多久，又有人来收同样的款项，拿出单据一看，只有一个姓，没有全名、电话或住址，无法当凭证，只能再付一次，之前的那几万元钱就打了水漂。

有人希望用付款来控制工程品质，“没做好就不付款”，听起来可行，实际上却有可能影响工组资金调度，民宅装修不是政府机关工程，你怕工组卷款逃跑，工组还怕做好了工程而你不付钱。一般说来，工程最好采取阶梯式付款方式，分 5 ~ 6 次付款，对双方都有保障。

阶梯式付款流程

1

签约时付订金。

总工程费10%

▶▶

2

开工当天起，3 ~ 7 天内，拆除工程结束，水电工程完成，门窗基本框立了。

总工程费20%

▶▶

3

隔间、管线、防水做好，瓷砖进场——进入泥作工程。

总工程费20%

老师建议

业主要与设计师、工组处理好付款事宜。

室内设计工程合同（模板）

签约人
甲方：业主
乙方：承接公司
兹就甲方委托乙方承揽室内设计工程一事，双方同意制定共同遵守的条款如下：
第一条　工程名称
第二条　工程地点
第三条　工程范围：乙方按照设计图纸及估价单（如附件），经甲方签认后依所列项目施工。
第四条　申请手续：有关本工程各项手续及各主管机关的相关许可证明的申办，由甲 / 乙方负责申请，相关费用由甲方承担。
第五条　保证金及其他费用：有关本工程之装修保证金、物业管理费、其他物业管理机关要求维护公共设施所产生之费用、破坏其他住户设施所产生的费用，由甲方承担。
第六条　工程期限：
（1）本工程双方定于　年　月　日开工，全部工程在开工后　天内完工，最迟不得超过　年　月　日。
（2）在工程进行中，如因甲方要求变更或追加工程，导致影响完工期限，应提前告知乙方并另行约定完工日期。
若因甲方所致或不可抗力之事或其他不可归咎乙方之事导致影响工程进度时，经甲乙双方共同现场查验属实后，应依据无法工作之实际日数核算并延长工程期限。
第七条　总工程价款：人民币　　　元（不含税）。
第八条　付款方式：甲方应以现金支付或转账汇款方式支付全部工程款。
汇款资料如下：
收款人姓名
收款人账号：
收款人开户行：

期数	工程进度	金额	备注
合计			

第九条　甲方负责事项：
第十条　其他注意事项：

▶▶ **4** 木工进场——代表泥作工程结束。**总工程费20%**

▶▶ **5** 油漆进场——最后装饰开始。**总工程费20%**

▶▶ **6** 完工验收结束，付清尾款。**总工程费10%**

备注：① 可提前定制出若验收时发现瑕疵双方可以接受的扣、付尾款协议书。
② 汇款是汇到公司还是个人，都必须在合同上备注清楚。

另外，须特别注意的是与工人的沟通要诀，单一工程发包，有任何问题找管理人员，若是交由设计师或工组负责人监工，则直接找监工人员沟通，切忌直接找现场的施工人员。理由：一是施工人员未必是专业工人，专业程度不详；二是与施工者口头约定所造成的损失，将由业主自己承担。

知识加油站　付款可能遇到的状况

1	工人拿了钱就跑，电话打不通
2	材料送到，工人收了材料费却未付给材料商
3	做到一半，利用工程追加、沟通不良作为理由停工

监工包含工程管理与监督

任何工程都需要监工，基于使用者付费原则，设计师或监工者会收取工程管理监督的监工费，监工费占总工程费的 5% ~ 10%。若是自己监工，当然可以省下这笔钱，不过必须具备足够的专业知识、有充裕的时间待在工地监督……若是选择由设计师或工组负责人监工，那么关于工程大小事项都必须与监工沟通，再由监工与施工工人沟通。

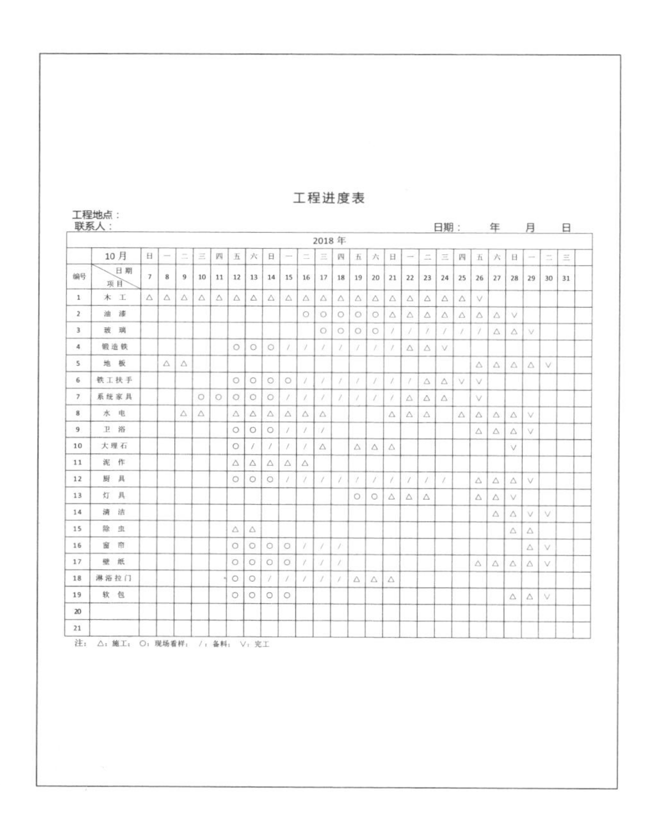

工程进度表

工程地点：

联系人：　　　　日期：　　年　　月　　日

2018 年

	10月	日	一	二	三	四	五	六	日	一	二	三	四	五	六	日	一	二	三	四	五	六	日	一	二	三
编号	日期 / 项目	7	8	9	10	11	12	13	14	15	16	17	18	19	20	21	22	23	24	25	26	27	28	29	30	31
1	木工	△	△	△	△	△	△	△	△	△	△	△	△	△	△	△	△	△	△	△	V					
2	油漆										○	○	○	○	○	△	△	△	△	△	△	△	V			
3	玻璃											○	○	○	○	/	/	/	/	/	/	△	△	V		
4	锻造铁						○	○	○	/	/	/	/	/	/	/	△	△	V							
5	地板		△	△																	△	△	△	△	V	
6	铁工扶手						○	○	○	○	/	/	/	/	/	/	/	△	△	V	V					
7	系统家具				○	○	○	○	○	/	/	/	/	/	/	/	△	△	△		V					
8	水电			△	△		△	△	△	△	△	△				△	△	△		△	△	△	△	V		
9	卫浴						○	○	○	/	/	/									△	△	△	V		
10	大理石						○	/	/	/	/	△		△	△	△							V			
11	泥作						△	△	△	△	△															
12	厨具						○	○	○	/	/	/	/	/	/	/	/	/	/		△	△	△	V		
13	灯具													○	○	△	△	△			△	△	V			
14	清洁																					△	△	V	V	
15	除虫						△	△															△	△		
16	窗帘						○	○	○	○	/	/	/											△	V	
17	壁纸						○	○	○	○	/	/	/								△	△	△	△	V	
18	淋浴拉门						○	○	/	/	/	/	/	△	△	△										
19	软包						○	○	○	○													△	△	V	
20																										
21																										

注：△：施工；○：现场看样；/：备料；V：完工

口说无凭，任何变更务必书面记录

假如业主非常信任施工者，建议业主请工人把希望更改设计的部分写下来，并且签名以示负责，或者是用邮件说清楚变更细节，并请对方回信以表同意。曾有施工人员与业主口头约定更改设计，造成尺寸出现误差，须重新施工，由于没有经过设计师同意，所有工时、材料的损耗都必须由业主自行负担，想省小钱反而花大钱，得不偿失。

知识加油站

验收定义	无论是否百分百完工，或是工程结束验工发现仍有瑕疵，业主一旦将物品搬入装修的空间里，在法律上就可以视同完工。等到搬进去发现有问题，或是明知有问题仍坚持先搬进去，之后即使走法律途径处理金钱纠纷，胜诉概率都很低	
补救方程式	**1. 瑕疵维修协议书**	工程没有百分百的完美，一块瓷砖的小裂缝要扣掉几千元实在有点过分，依照相关规定，合理的扣款约为千分之二。在签约时同时签订双方都可以接受的瑕疵维修协议书，例如依照瑕疵情况，扣留部分尾款，等到瑕疵补救好，才付清尾款，双方就可避免有纠纷
	2. 与工组好聚好散	工程结束再付款是天经地义，依照瑕疵状况先扣留部分尾款，不影响工组、设计师的资金调度，他们也会尽快弥补，以顺利拿到剩余款项。若发生冲突告上法庭，又是一个劳心劳力的过程，对双方而言都不利

掌握工期总汇

付款行规	工组不可能代垫材料费，若是自己监工，材料到现场后就要开始施工，施工完隔天就要付钱
钱要汇给谁	① 公司。汇给公司账号，提前问好有无税金
	② 个人。汇给个人账号也要写下收据，而收据要由收到钱的人自己书写，并留下身份证明，以避免日后产生纠纷
如何付款	**开支票：** 大额款项可采取支票形式，及时支付不影响工组的资金调度； **给现金：** 小工组多数是给现金，要记得请对方提供身份证明、住址，付款时，务必请对方在收据上盖上印章、留下签名

Part 4

认识监工图与工具

黄金准则：每一个空间都有 4 个立面图，须精准标出施工工程位置。

早知道，免后悔

平面图、立面图，可以说是装修工程中相当重要的“语言工具”，所有的图从最原始的丈量图开始，发展出各种不同功能的图，包括平面图、立面图、剖面图、大图以及细部图等。通过监工图，工人能够马上清楚工程师做的细节，而监工图也是业主、设计师、工组三方相互沟通的施工依据，无论是否自己监工，一定要看得懂各类监工图。

所有的监工图都从丈量开始，丈量时不只是标明长、宽、高等尺寸，还必须注意两大要点：

一是门、窗、墙、梁下的尺寸。

二是观察墙壁是否有裂缝，管线有无生锈、漏水，以及是否有白蚁虫蛀等情形。

所谓的丈量图，是先丈量空间中的各种尺寸，之后将其转换成原始平面图，图面上必须标明门窗以及开关箱的位置，而丈量图的绘制方式要依照顺时针的方向与顺序来进行，标示数字时最好是面对丈量的空间方向。其实丈量房屋的同时也是在为房屋做体检，丈量完毕后，除了绘制出丈量图外，还必须绘出房屋的现况图，尤其是二手房，现况图更是不可或缺，这样一来在装修房屋时才能一并解决房屋的现有问题。

有了原始平面丈量图，就可标示出原始格局，以及门与窗户的位置、开启的方式与

绘制丈量图步步教学

画出基本草绘图

依照房型画出基本草绘图，标示出大门、空调孔以及窗户位置，窗型可以用符号大概画一下。然后标示出墙体烟道、排水管、煤气管等的位置。

标出门窗的高度及宽度

先标示出门宽，然后标出窗的宽度、高度，以及窗的下缘高，以供之后定制书桌与书柜时做参考，窗的内高与内宽可作为新增窗数量与估价的参考依据。

老师建议

无论自己是否监工，一定要看懂各类监工图。

方向，还有梁柱的位置、原始卫浴设备配置位置，作为格局变更以及结构分析的依据，同时也可算出总面积。由原始平面丈量图开始，再绘制其他监工图，就可以进一步了解房屋状况。

各类图纸功能

平面图	为所有设计图的开始，可依此考虑空间运用和动线以及各种生活功能的方便性，通常需要经过几次的空间改变与沟通
立面图	借此建立基本的空间感，并对梁、门窗、空调、管线等精确标明尺寸及位置，每一个空间都有 4 个立面图，必须精准标出施工工程位置
剖面图	了解器材、配件的位置，各类管线一目了然
大样图	确认施工的尺寸、材料、结合方式
细部图	各项工程的细部建议图，如材料、位置与配图

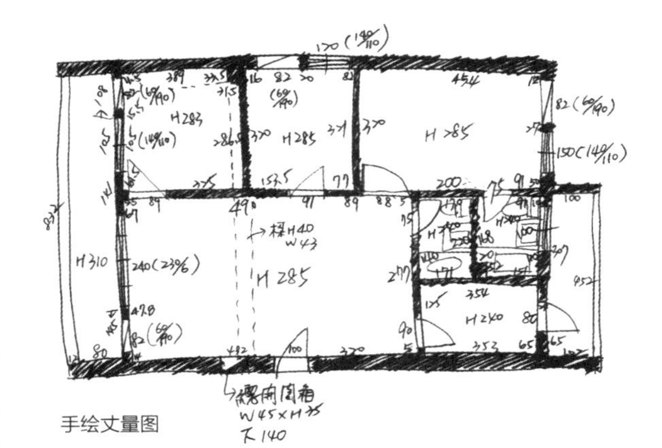

手绘丈量图

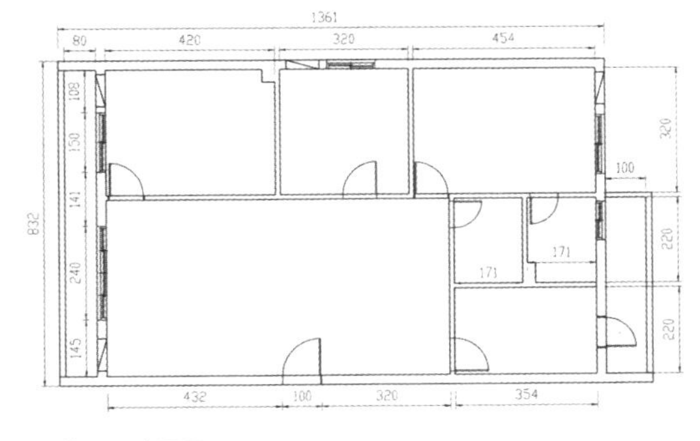

原始平面丈量图

3 卫浴设备标清楚

卫生间、浴室设施以及水龙头的位置都要标示清楚，另外管线的位置关系到日后迁移的方便性，也须标明。

4 燃气器具陈列图

须草绘厨房燃气器具的陈列方式，方便日后燃气管与水电管线的更改迁移。

手上有了图还不够，现场监工的工具还有很多。由于工程中涉及多种单位尺寸，各种测量工具都不可少，数码相机、智能手机都是好帮手。

工具 1：卷尺

目的在于丈量以及确定规格与尺寸，大部分单位使用厘米。

工具 2：水平尺

主要测量各种水平值，尤其在安装门窗、铺设瓷砖以及测量门窗水平时。

工具 3：比例尺

为了确定图稿上的尺寸时使用，有时虽可用卷尺代替再换算，但慎防误差过大。

工具 4：计算器

用在尺寸转换、计算上，以防算错。

工具 5：手电筒

勘查工地现场时，某些地方如天花板，一定需要手电筒照明，这样才能看清楚管线位置，还有其他尚未装设照明的地方也用得到。

工具 6：数码相机或智能手机

在现场可随时拍照，以避免日后纠纷，善用数字化管理，能使监工作业顺利很多。

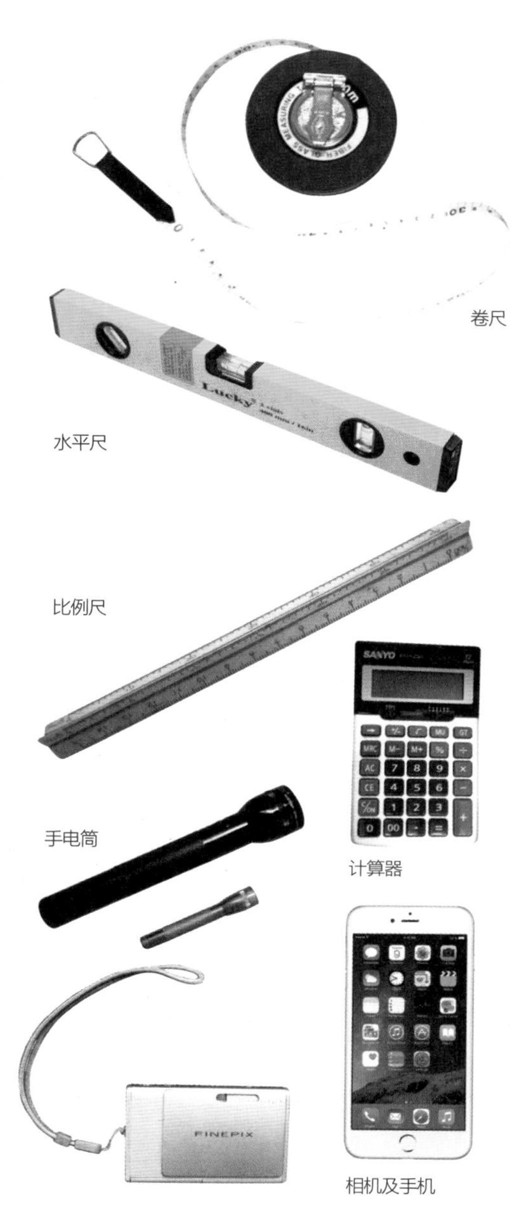

卷尺

水平尺

比例尺

手电筒

计算器

相机及手机

绘制丈量图步步教学

5 漏水裂缝要标明

水电表、燃气表、热水器的位置，以及女儿墙的上下缘高、窗的高度都要测量，并观察天花板是否漏水，以及墙壁有无裂缝等。

6 标出总电表、洒水头

客厅要标明电表总开关及对讲机的高度、宽度与位置，如天花板装有消防喷水头，其数量及位置要标出来。

老师私房小贴士 监工六字箴言

垂直	只要是立面的墙壁、壁砖或者是门、窗等，一定要考虑到垂直问题
水平	只要是横向的线条，如砌砖、地砖的水平，桌面、门、窗等，须注意水平线
直角	同一个地、壁面空间结合的地方，比如地壁结合点、梁柱之间、阴阳角处，尽量采取直角，在美感上才会产生加分效果

监工图总汇

平面配置图	是所有设计图的开始，可依此考虑空间运用和动线以及各种生活功能的方便性，通常需要经过几次的空间改变与沟通，在洽谈中，业主可借此了解设计师在空间上的运用能力	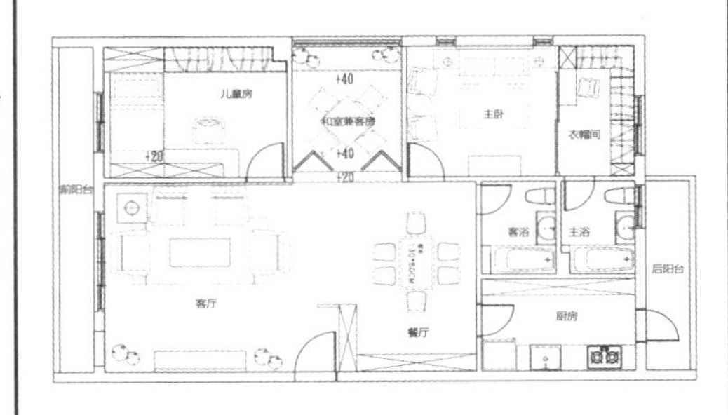
索引平面图	可以说是所有施工图的总汇，上面标明了各项目的索引编号，可与索引对照表互相比对使用。编号分类代表不同项目，如F为活动家具、CA为木制固定家具、D为门、W为铝门窗、1为空间编号，对比时要稍加注意	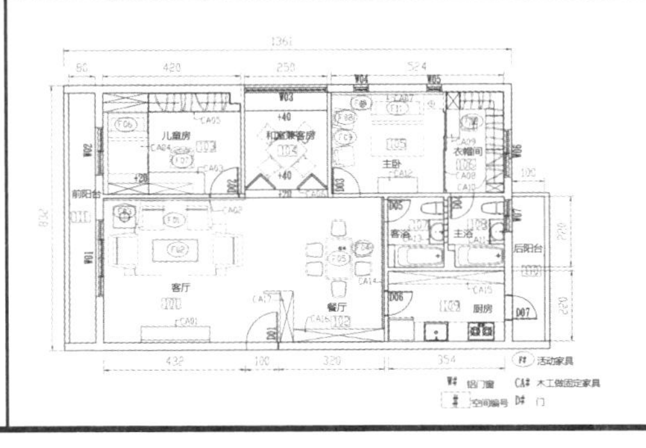

7 梁宽与高度要丈量

要丈量出梁宽与地面对应高度的数据，以了解天花板造型设计与地面高度。

8 丈量天花板总高

要丈量天花板的总高。

9 标示十字线

标示十字线，可量出室内空间的总长和总高。

备注：丈量之后要再次确认所有丈量的项目是否有遗漏，比如门窗或墙面的数据。丈量时采取一人拉线、一人记录的合作方式较为适合，同时要记得复读数据以避免口误。对旧房或二手房要同时观察房屋现况旧漆厚度、壁面平整度、踢脚线材质、地面、壁癌、开关插座位置等。

监工图总汇（续表）

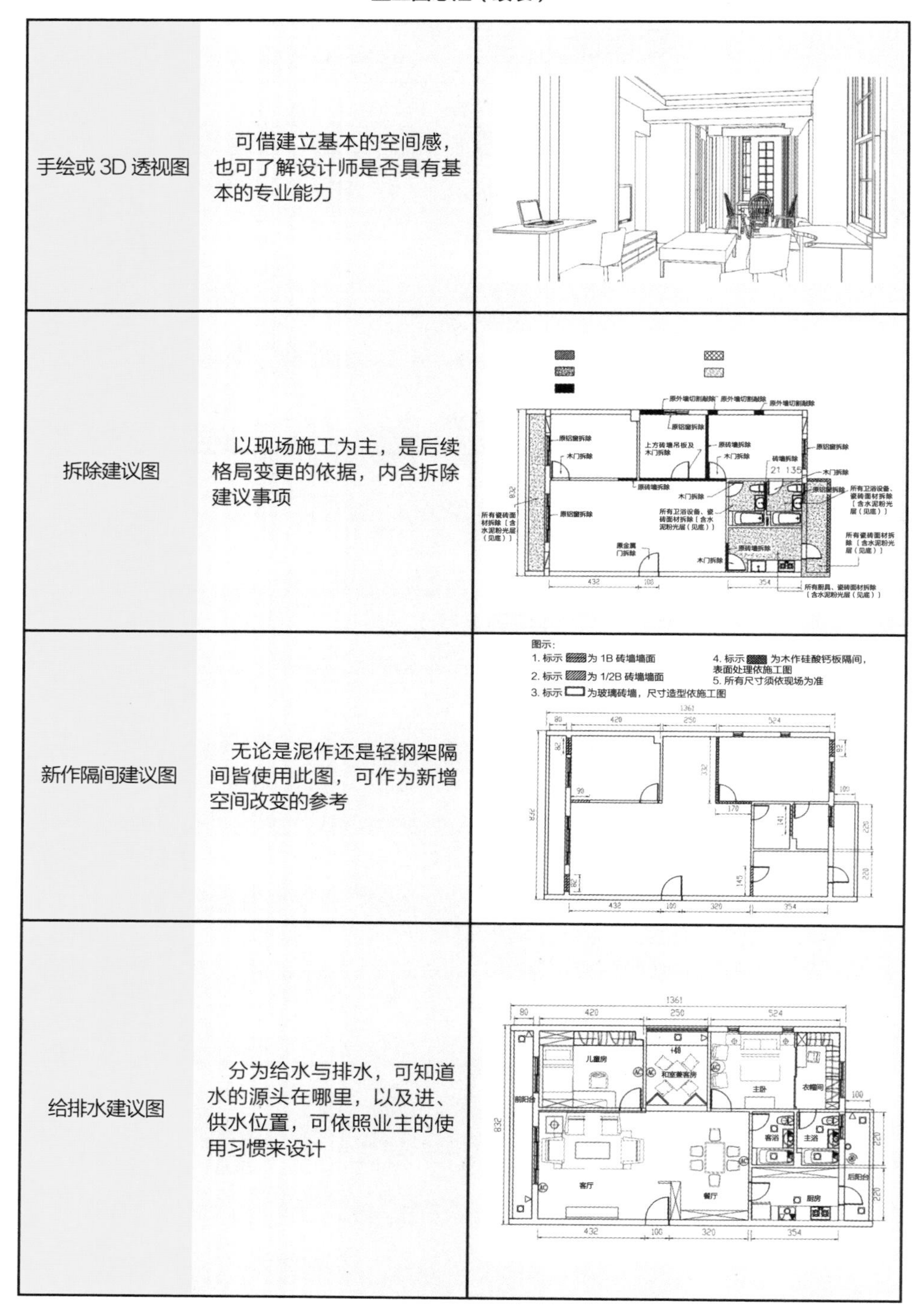

手绘或 3D 透视图	可借建立基本的空间感，也可了解设计师是否具有基本的专业能力	
拆除建议图	以现场施工为主，是后续格局变更的依据，内含拆除建议事项	
新作隔间建议图	无论是泥作还是轻钢架隔间皆使用此图，可作为新增空间改变的参考	
给排水建议图	分为给水与排水，可知道水的源头在哪里，以及进、供水位置，可依照业主的使用习惯来设计	

监工图总汇（续表）

给排水系列立面图	常用于卫浴设备的标注，可知道各给排水管道的高度、位置，以及对应的卫浴器材的种类	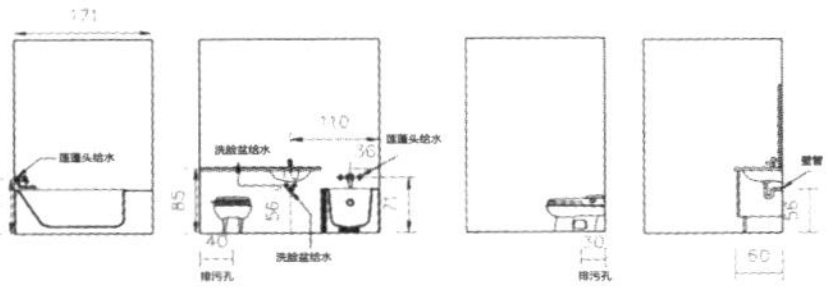
电路建议图	可确定主开关位置，根据各空间使用功能、电压的不同与家电、家具配置作为施工参考依据。大功率电器如空调、微波炉等用电线路相关的标准要注记说明，而漏断电装置也要特别注记细节、位置	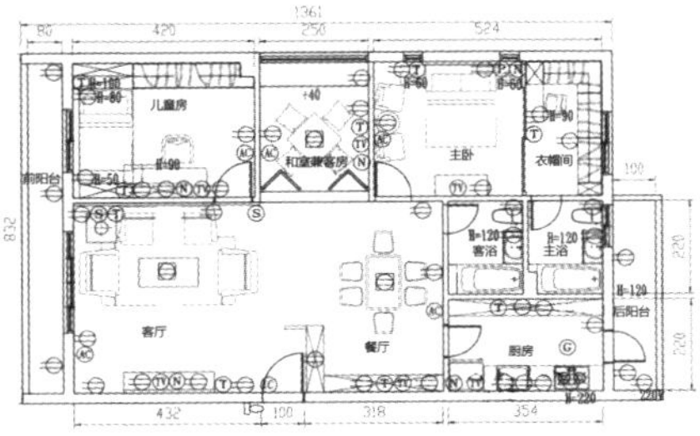
泥作建议图	分别有砌砖、石材、瓷砖的平面建议图及立面建议图，以及立面图纸	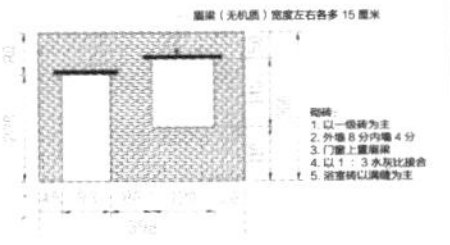 砌砖立面建议图 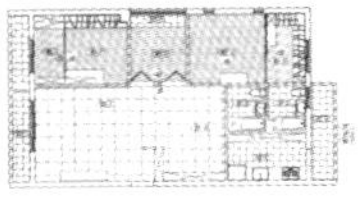 地板瓷砖铺面建议图
木作建议图	**木作天花板剖面建议图（梁与柱）：**可用作修饰梁以及隐藏管线、空间视觉延伸、照明运用，如切割比例得宜，可形成整体空间美感。 **木作橱柜立面建议图：**用以了解收纳空间的尺寸、位置，处理得宜，能增加整体空间美感。 **木作壁板造型建议图：**能够增加视觉上的美感，使空间中不同风格互相呼应。 **地板平面建议图：**可以了解空间不同高低层次的感觉，应用木板和其他材质的搭配，形成不同空间的切割与美感	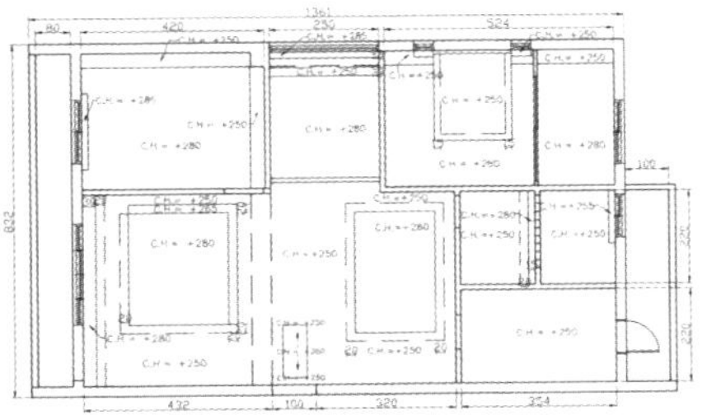

监工图总汇（续表）

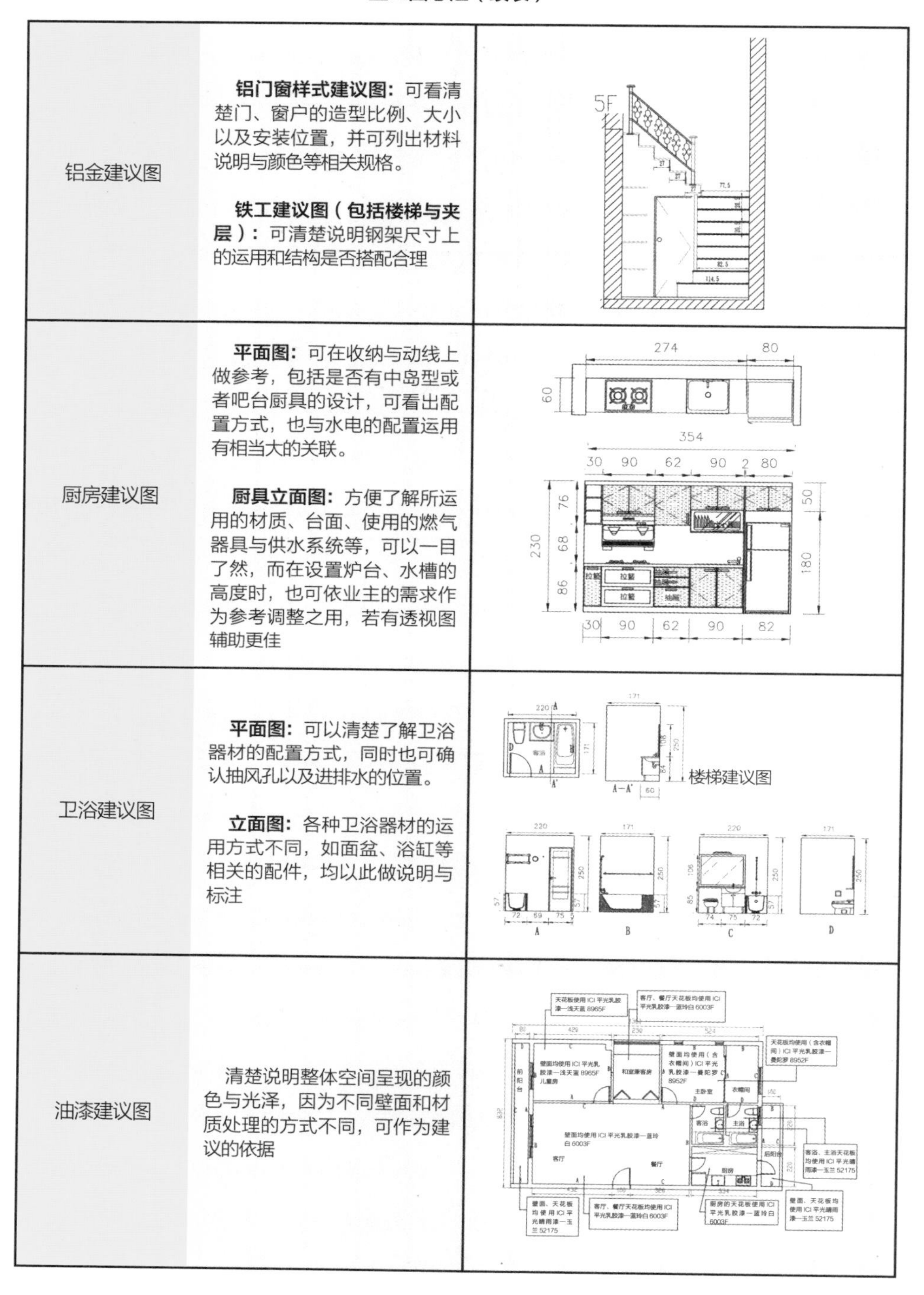

铝金建议图	**铝门窗样式建议图：**可看清楚门、窗户的造型比例、大小以及安装位置，并可列出材料说明与颜色等相关规格。 **铁工建议图（包括楼梯与夹层）：**可清楚说明钢架尺寸上的运用和结构是否搭配合理	
厨房建议图	**平面图：**可在收纳与动线上做参考，包括是否有中岛型或者吧台厨具的设计，可看出配置方式，也与水电的配置运用有相当大的关联。 **厨具立面图：**方便了解所运用的材质、台面、使用的燃气器具与供水系统等，可以一目了然，而在设置炉台、水槽的高度时，也可依业主的需求作为参考调整之用，若有透视图辅助更佳	楼梯建议图
卫浴建议图	**平面图：**可以清楚了解卫浴器材的配置方式，同时也可确认抽风孔以及进排水的位置。 **立面图：**各种卫浴器材的运用方式不同，如面盆、浴缸等相关的配件，均以此做说明与标注	
油漆建议图	清楚说明整体空间呈现的颜色与光泽，因为不同壁面和材质处理的方式不同，可作为建议的依据	

装饰建议图	**窗帘建议图：**可以展示出不同的造型，多是立面图，窗帘的造型可以依此画出，并且标出色号等。 **壁纸建议图：**平面图、立面图可以标出使用什么款式的腰线，图面上也应该附有清楚的品牌名称与编号，以及施工位置。 **地毯建议图：**可看出铺贴的方式与其他空间材质收边的方式，并可详细计算出数量	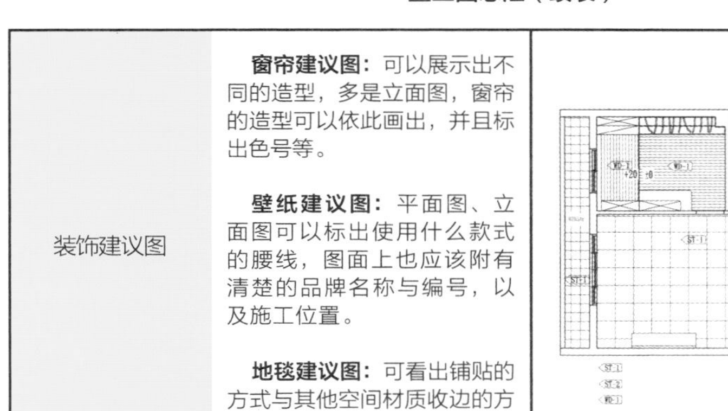

窗帘

		样式	品牌	尺寸	编号	轨道	配件	纱	型号
儿童房		对拉布帘							
和室		横式罗马帘							
主卧		直立百叶							
更衣室		对拉布帘							
客厅		对拉布帘							

壁纸

	品牌	编号	数量	贴向	备注
客厅面墙					
和室墙					
和室天花					

Part 5 禁忌与敦亲睦邻

黄金准则：远亲不如近邻，施工勿忘敦亲睦邻。

早知道，免后悔

许多传统家庭，尤其是长辈资助的房屋装修，禁忌问题一向备受重视。最常见的禁忌是梁不能压床、房门勿正对厕所门……在画设计图时就应先行避免，而慎重的业主对色彩、门窗、灶台位置等也会提出建议。

为避免设计与禁忌无法兼顾的状况发生，最好的方法是业主先确定家中颜色及其他禁忌，再提供给设计师画图，省去一再改图的时间及金钱。等平面图完成后，再由业主与设计师到装修现场进行确认沟通，在避免破坏房屋结构的前提下，进行空间施工。

另外，所谓和气能生财，高高兴兴装修房子，满心期待有个漂亮的新家，如果因为施工给邻居造成不便，甚至双方结下仇怨，也会住得不开心。敦亲睦邻可从公私两方面来看，于公的部分，社区大楼里的住户务必遵守公寓大厦管理条例或该社区的管理规范，包括施工时间、保护措施等；而于私的部分则是针对相邻的住户，除为施工造成不便致歉外，最好可以为对方考虑周全，主动保持环境清洁。

避免扰邻作业流程

1 在物业管理处领取装修许可证。 ▶▶

2 如小区物业规定缴交保证金、清洁费需遵照执行，同时遵守保护规范。 ▶▶

3 人与材料经过的地方都要做好防护措施，包括墙壁与地面、电梯等。 ▶▶

老师建议

在设计师画图之前，先确定颜色、家人禁忌等注意事项。

敦亲睦邻小贴士

注意房子界线	界线位置要划清，避免发生侵权问题
分清漏水责任	最好在开工前先做沟通，尤其楼上与楼下最易有此类纠纷
减少噪声困扰	一定要在规定的时间内施工，尤其是拆除工程，尽量在最短的时间内完成
协调居家禁忌	例如大门不能对大门的问题，在以不损坏结构与整体外观的情况下，尽可能协调
控管工人进出	施工时大门要关闭，严格要求工人维持秩序与清洁
维护空间整洁	无论公私区域，都要注意垃圾分类处理及清洁的维护
有问题就停工	若施工时不小心影响到结构，务必停工并找专业结构技师鉴定，绝对不可隐瞒事实，以免危害大楼安全
保护公共空间	材料经过的地方务必做好保护措施，严禁在公共空间堆放杂物或废弃物

装修期间难免吵到邻居，事前沟通加上妥善管理工地，可将产生纠纷的概率降至最低

4 贴公告（公告栏、大门口、电梯）。▶▶

5 公共空间定时清洁，电梯使用、停留时间以每次不超过3分钟为佳。▶▶

6 遵守门禁管制规定。▶▶

7 拆除工程如需使用吊车须事先申请路权，方便吊车或垃圾车停放施工，以不影响住户进出为原则。

小动作大保护，施工公告＝另类平安符

装修房屋前贴上施工公告通知邻居是比较妥当的方法，公告上必须注明施工地点、施工时间、各类注意事项，以及负责人的联系方式，并强调守法合规。应注意的是，公告不仅要贴在公寓或社区大门、电梯间等醒目处，在室内装修的地方也要张贴，一来可以让邻居清楚施工情况，二来是引起工人的注意，尤其在公告内须注明不得违反各项法律规定，这样万一工人在装修期间做出违法的事情，如聚赌，业主可以免责。其他法规如：

（1）结构鉴定费由业主承担：遇到结构鉴定的责任归属问题，一般来说，鉴定费用由业主承担。

（2）施工人员伤亡妥善处理：施工过程如遇人员伤亡等意外，双方应分清责任问题，但一般责任不在业主方。

（3）避免破坏整体外观设计：如要在防火通道加装空调或水塔，或违建加盖等，万一施工过程不得不做，则要开立证明，分清责任归属。

（4）拒让非法外籍劳工者进驻工地。

老师私房小贴士

公共空间保护措施

1. 地板铺上地毯再铺木板，电梯壁面则应用木芯板＋夹板双重保护，让社区住户无可挑剔。

2. 同一层楼保护措施：楼梯间等公共区域定时或不定时打扫干净，装修时将邻居的鞋柜包覆好，以免沾染灰尘，甚至装修完工后再赠送邻居每户一个新鞋柜，以消除不满

笔记

施工前 **拆除** 泥作 水 电 空调 厨房 卫浴 木作 油漆 金属 装饰

▲

Chapter 02

拆除工程

乱拆房子，小心被罚款，不仅会被勒令停工，还要把房子恢复原状！

不能以为房子是自己的，想怎么装就怎么装。若地方有规定，装修前需申请装修许可证，则业主必须把合法的设计公司的设计图纸送至相关单位申请。如果想省钱，不想申请的话，后果由业主自行负责，万一遭到检举，就会被勒令停工，并面临罚款，之后所有工程都要依最高标准施工。

项目	必做项目	注意事项
拆除前	1. 调阅结构图，请专业人员鉴定，做出拆除计划书与拆除计划图； 2. 人与材料经过的地方，都须做好保护工作	1. 避免破坏结构； 2. 注意承载率； 3. 张贴公告，通知邻居及居委会
拆除中	1. 一般拆除顺序为由上而下、由内而外、由木而土； 2. 地面做到见底就要防水； 3. 拆除门窗要把防水填充层清理干净； 4. 在不影响清洁与供排水的前提下，最后拆除马桶	1. 拆除至看到结构后再交由设计师画图，这样做比较精确； 2. 很多问题只有拆完才会知道，容易产生预算追加
拆除后	1. 当天拆除的垃圾须当天处理完毕； 2. 搞清楚清运、拆除废弃物的计价方式	1. 切忌将垃圾直接从楼上往下扔； 2. 请专业的保洁公司到场处理清运

拆除工程常见纠纷

（1）楼上邻居检举违法拆除，影响房屋结构安全。（如何避免，见 036 页）

（2）邻居检举或物业认定破坏公共区域，要求停工。（如何避免，见 038 页）

（3）原本拆除估价只说做到“去皮”，拆下去才说要做到“见底”，临时追加预算。（如何避免，见 040 页）

（4）拆除完毕请吊车清运废弃物，结果当天吊车来了却被警察开罚单。（如何避免，见 044 页）

（5）拆除完毕也请人把垃圾清掉了，却被邻居检举污染公共区域。（如何避免，见 044 页）

Part 1

拆除前

黄金准则： 不要相信网络信息，通过合法公司申请装修送审才妥当。

早知道，免后悔

拆除工程是建设前的破坏，涉及结构、水电、管线等，拆除计划应该有条有理，而不是胡乱敲掉某一面墙、某块地板。但现实中，不管是自住还是投资，许多人装修老房子，不管三七二十一就请人来敲敲打打，更改格局，如果没有建筑物的概念，也不清楚房屋结构、承载率等力学问题，任意更改分户墙或拆除剪力墙，即使没有当场发生意外，房屋基本上也是岌岌可危了。

通常拆除工作是在不影响结构的前提下进行的，分为两种：一是不能拆，二是非拆不可。不能拆指的就是涉及结构安全的部分，包含剪力墙、承重墙等，以及部分支撑的梁柱。因此，在拆除工程前最好可以看到以下两样东西：

1. 拆除计划书

同时，也要对建筑物的基本概念有所了解。

◎ 结构：包括房屋现状、房屋所在土壤、风压，是否位于地震带等。

◎承载率：所谓的承载率分为净载重及活载重，一般住宅只需注意净载重即可。

拆除隔间前要先确认墙面种类，木作隔间墙通常可拆除

拆除工程申请程序

1 先申请原始建筑平面图、原始配置设备图等。 ▶▶

2 由合法设计师绘图。 ▶▶

3 送至相关单位审核。

老师建议

不要贪图一时方便，反而造成更大的不便。

2. 拆除计划图

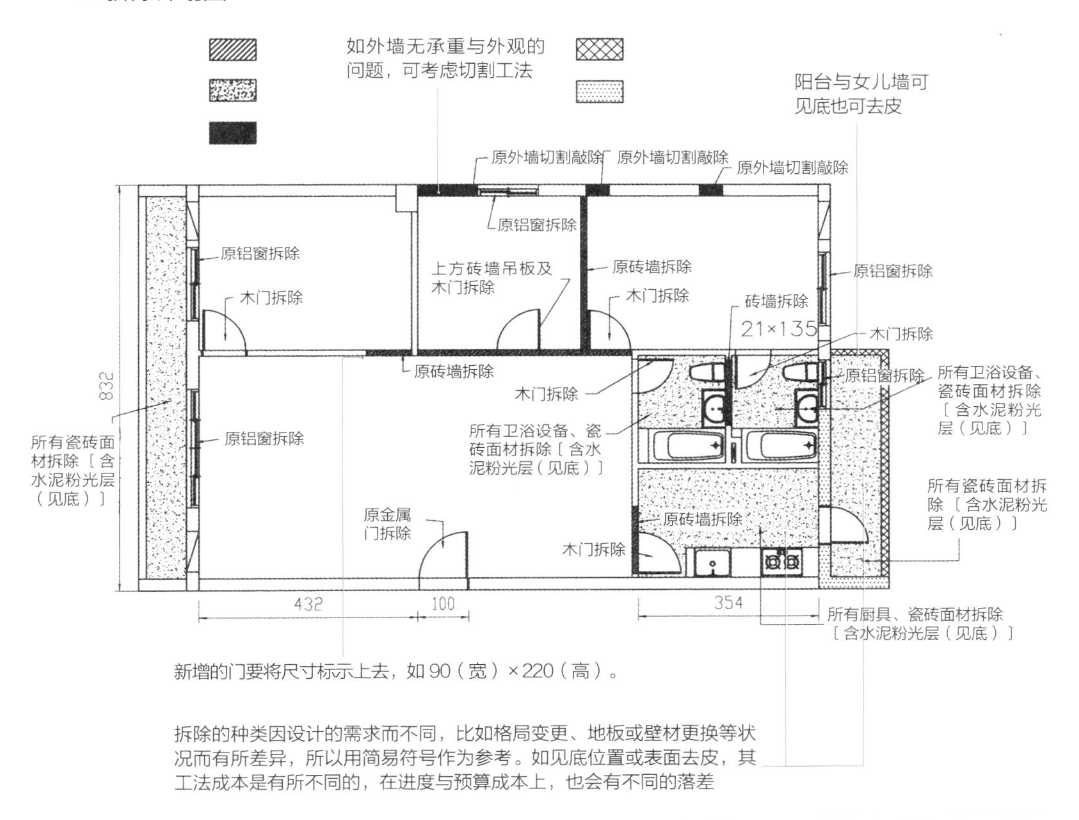

4

依申请图样合法施工。

▶▶

5

完工后由有关单位会勘。

▶▶

6

通过则盖章以示负责，不通过则再改善。

一般说来，长宽各 10 米、厚度 0.1 米的水泥砂（水泥＋砂＋水混合），重量为 1.8 ~ 2.2 吨，如果将地板打掉 5 厘米高，再回填 6 厘米高的新地板，承载方面不会有什么大问题；但是，如果像投资者那样，将 3 室 2 厅的旧公寓改建成 5 间套房的出租楼层，多出 4 个厕所、十几道墙壁，结构能否承载就是个大问题了。因此在申请装修许可证时，会限制隔间数量。

10×10=100（平方米）

0.1 米 =10 厘米

每间厕所以 3.3 平方米计算→因须埋设 10 厘米高管线→地板至少须灌水泥砂 12 厘米高→再铺设瓷砖垫高约 1 厘米→若盖 5 间厕所，仅计算地板估计重量为：

$W \times D \times H \times$ 单位重 ×5 间 =4.6656

1.8×1.8×0.12×2.4（吨）×5（间）=4.6656 ≈ 5（吨）

注：以上估算还没计入马桶、洗脸台以及隔间墙的重量。

拆除时，人员要做好防护，废弃物装袋也要妥善包裹

排水系统要先做好保护，避免拆除时造成堵塞

拆除工程进行前，必要的保护措施不可少，只要是人与材料经过的地方，都必须做好保护工作，千万不要求一己方便，给邻居及小区造成不便。注意事项包括：

（1）排水系统要先做好保护，如卫生间、阳台的排水管，以免施工时造成堵塞。

（2）拆除窗户时要在外围拉起警戒线或请专人勘查维护现场。

（3）开口处如楼梯扶手或容易造成人、物坠落处，拆除时要格外注意安全。

（4）现场要做好消防准备，要备有 A、B、C 类（干粉、泡沫型）灭火器。

（5）事先做好断电处理，防止拆除时造成人员触电或电线着火等意外。

（6）燃气管先关闭源头，拆除时要注意暗管（埋在墙中或地面的管线）。

（7）保留物品要做好防护措施（如地板、门窗、卫浴马桶等），以减少损失。

（8）碎裂物品要小心防护，将废弃玻璃装袋，务必妥善包裹，以免造成人员受伤。

（9）告知左邻右舍勿在施工时进入，务必贴出施工公告并留下联系电话。

（10）施工人员要记得戴手套、防尘口罩与安全帽等，避免受到意外伤害。

（11）如会造成飞灰，在室内最好有防尘处理，避免给邻居造成不便。

由于拆除工程大，牵涉包括建筑、消防、公共安全、废弃物等法规，务必选择有专业技能的设计师，千万不要相信网络上某些广告的信息，届时出了纠纷或意外，工人找不到，责任就在业主身上了。

掌握工期总汇

在拆除前做好防范准备	避免碰触到消防设备，万一破坏消防管线，很有可能使大楼的消防水进入电梯，从而支付高额赔偿金
拆除时间点要特别注意	大型拆除工程的声响相当大，要尽量避开休息时间，施工最好挑选在早上 9 点到中午 12 点、下午 2 点以后进行，千万勿在夜间进行拆除工作，以免影响邻居休息
楼面要做好防水	地面记得要先做好防水层，而排水孔则要保持顺畅排水，若先前因需要而堵住排水孔，也记得要将栓子拔除，以免使楼面淹水

老师私房小贴士

避免建筑龟裂，拆除前先抓水平线

拆除前建议先抓水平线，若拆除不当，遇到突发状况，例如地震时，房子可能瞬间龟裂，不可不防。

想要了解更多关于房屋结构的知识，可参考相关网站

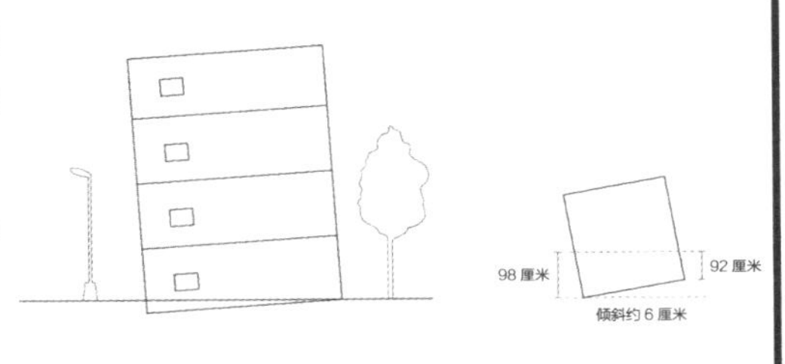

拆除前先进行“抓水平线”工序，这样做更有保障

Part 2

拆除中

黄金准则：无论原先的装修有多漂亮，都要拆除到可以看到原来的结构为止。

早知道，免后悔

老房子装修前，无论原来的装修有多么漂亮、多么富丽堂皇，一律都要先拆除，拆除到可以看到原来的结构为止，这时才能观察到房屋真正的状况，例如天花板、墙壁有无龟裂，木作有无白蚁虫害，包柱的地方有无异样，看到结构后，才能交由设计师画图，这样才确保比较精确。

拆除工程是所有工程中最容易追加预算的，因为人们无法透视，很多问题是拆了以后才知道，事前无法预知。例如原本只打算去皮，在拆除完所有装饰材、龙骨后，才发现墙壁有壁癌、会渗水，这时就不能只去皮，而要进行见底工程了，预算也会相对增加。

水泥的寿命在 10 ~ 15 年之间，若有外加式装饰材料，约可再延长 10 年，但如果遇到水渗透、水化等因素，尤其是浴室、厨房、阳台等地，若原本使用的就是劣质水泥，寿命就会大打折扣。一般说来，拆除工法分为以下几种：

1. 见底

地壁打到结构底，如红砖、混凝土层，尤其老房子有壁癌的地方，或者水泥面凸起的部分，以方便重新粉刷水泥。

拆除顺序及注意事项

1 拆除顺序

一般来说是由上而下、由内而外、由木而土，现场可依照情况灵活调整顺序。拆除时多半先由天花板开始，接着是墙壁、地面。有些柜子与天花板连接，拆除时要特别注意避免塌陷。

2 地面见底要防水

地面在见底的部分须事先做好防水工程，否则施工中容易发生水渗到楼下的情况。

老师建议

先了解原始结构材质，再考虑是否拆除到“见底”。

2. 去皮

将表面装饰材如瓷砖、塑胶地、壁纸、油漆、木板拆掉。

3. 凿毛

原油漆墙面，因为空间功能改变，如改为浴室或厨房，为方便贴瓷砖，就可以不用见底或去皮，在表面做均匀的点状式处理见到水泥以增加瓷砖与墙壁的黏着力。

4. 切割

针对楼板的局部开挖，或者针对室外门窗的部分开孔，以不伤及结构与破坏楼体外观为原则。

5. 取孔

为了满足使用需求，在墙壁或地面挖洞，例如装设燃气管、抽油烟机管、排风机、地壁面新增卫浴进水孔，严禁穿梁。

墙面取孔

地板取孔

3 拆除门窗要把防水填充层清理干净

拆除门窗时，记得将原有防水填充层清除干净，以免影响新门窗的尺寸大小，同时造成新的防水处理无法完善。

4 最后拆除马桶

在不影响清洁与供排水的情况下，建议将马桶留在最后拆除，方便工作人员在现场使用。

工法注意事项

见底	1. 看天花板、隔间、地板接缝处，勘查砖墙是否老化、脱离； 2. 从楼梯间看楼板层厚度判断承重力，试着通过跳跃看楼板会不会震动； 3. 检查墙壁与地面的管线，包括公共管线
去皮	1. 去除装饰材及相关结构含表面材的附属工程材料； 2. 确保去除后不会影响下一个工程的进行； 3. 使用盐酸撕除壁纸时须留意，务必稀释后使用，否则会损害水泥
凿毛	1. 主要在水泥表面施工； 2. 切忌在亚克力质或塑化类涂料上进行水泥工程
切割	1. 目前较先进的做法是以水刀切割，减少噪声，但费用较高； 2. 建议开窗户、楼梯等工程采用水刀，可减少意外事故的发生； 3. 使用水刀时切记水不要乱流，不要切到公共管线
取孔	1. 坚守 4 孔原理：孔数、孔距、孔位、孔径； 2. 取孔时要考虑完工后的实际尺寸； 3. 钻取孔径时，须预留二次工法尺寸

举例来说明一下，装设马桶用的孔位，污水管孔径 10 厘米，不能只钻取 10 厘米大的孔，必须钻 13 厘米大的孔。在安装污水管后，管线四周应仍有空间填充防水材料，以防日后渗漏，臭味四溢。

剪力墙、承重墙不能乱拆

隔间的砖墙不是每一片都可以拆，拆错了，后果不堪设想！常听到剪力墙不能动，它究竟是什么呢？

其实，无论柱、梁、楼板、楼梯等，都是房屋结构的一部分，而剪力墙位于独立结构的四分之一处，一般来说会承受来自不同方向的扭力，承重墙则是整个独立结构房屋承受单一墙面或结构重力中心的墙，一般在二分之一处，如果随意更改剪力墙或承重墙，都会造成房屋的结构变化，后果相当严重。所以一定要注意承重墙不能改动，别墅承重墙需通过设计院进行加固后才可拆改。

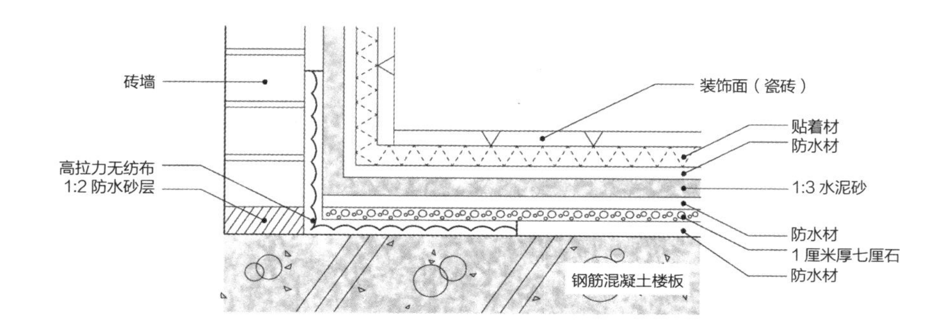

楼板施工建议采用水刀切割

这种工法既减少噪声，又可以让切割面完整，降低破坏结构的概率，尤其是钢筋混凝土结构，开挖室内墙隔间或门窗时，如果是砖墙则要先切割再拆除，因为砖墙是由砖块交错堆砌而成，切割再拆除才能精准掌握开挖尺寸，如果直接用电钻拆除，易造成安全事故。

切刀工程报价相差很大，最好先问清楚是否包含废弃物搬运、清除费用等

Part 3

拆除后

黄金准则：当天拆除产生的垃圾，须当天清理完毕。

早知道，免后悔

无论哪一种拆除方式，都会清出一定数量的垃圾废弃物，切记：垃圾不得堆放在公共空间，当天的垃圾必须在当天处理完毕。一般来说，垃圾清运可分装袋与散装两种方式，建议请专业的废弃物清洁公司到场处理清运，而采取装袋式时要注意安全，严禁从高楼层以抛丢的方式扔到楼下，造成巨大声响不说，还可能砸伤人；散装垃圾则要做好捆绑处理。

搬运拆除工作产生的垃圾，有以下几种处理方式。

（1）人员搬运。

（2）机械式搬运。

（3）器具搬运，又分为以下两种方式：

① 动力型吊车搬运。

② 吊挂型小金刚搬运，通常由泥作工组统包，很少独立议价。

动力型吊车搬运

吊车清运注意事项

1 先量尺寸

先看房子多高、巷子多宽，现场勘查要吊哪些东西，进出空间（门窗）够不够大，再决定是否请吊车清运。

2 申请路权

承包人员须先至主管机关申请路权，并了解吊车可以工作的时段。

3 事先警戒

吊车工作范围需放置道路警戒标识，或是围篱，避免非工作人员入内，以防止意外发生。

老师建议

采用吊车清运，务必谈妥吊车计价，以免产生纠纷。

至于要选择何种方式，须根据当时情况而定。若是房屋位于巷子过于狭窄处，就不适合选择吊车清运；若是拆除的废弃物数量庞大，不适合只采取人工徒手搬运的方式时就要选择吊运。无论使用吊车运送或以人工徒手搬运，切忌将垃圾直接从楼上往下丢，避免发生安全问题。

这里要澄清一下，人工搬运不一定比吊车搬运划算。

清运废弃物要注意人员安全

若以一个搬运工一天 450 元的工资计算，要请他搬运每包 50 千克的废弃物上下 5 楼，加计重量、脚程与楼层，1 天顶多搬运 40 包，计算公式如下：

450 元 ÷40 包≈ 11 元

这样一来，等于每包废弃物须付出 11 元的搬运成本，若是数量更为庞大，人员搬运就不见得划算了，此时选择吊车或小金刚，才是省时又省钱的搬运方式。

若选择吊挂型小金刚清运，建议一定要与承包人员签订承诺书，由承包人员负责安全与清洁工作。由于吊挂型的小金刚须注意小心避开电线、雨遮、采光罩等障碍物，一不小心容易造成损坏，到时工组落跑，责任当然业主自负了。

4 搞懂计价

吊车计价一般有按时间和趟数两种，各地根据当地的工费标准确认和计算。

注：吊车计价起迄时间要先问清楚，有的从吊车出动就计时，有的是吊车定位后开始计时。

5 专业操作

使用吊车的操作人员须具备专业起重执照，由专业人员负责操作执行。

拆除验收清单

检验项目	勘验结果	解决方法	验收通过
1. 施工前是否做好保护措施，走道区应注意减少破坏性的搬运			
2. 施工是否避开休息时间以免影响邻居休息			
3. 楼面、地面是否做好防水处理			
4. 排水孔是否保持排水顺畅			
5. 施工前是否做好防范计划，避免破坏消防管线造成高额赔偿			
6. 施工时遇到结构处是否立即停工，业主与设计师均到现场勘查后决定			
7. 拆除后的垃圾是否堆放在公共空间，有无当天处理			
8. 使用吊车的操作人员是否具有专业执照，注意吊车的交通路线			
9. 开挖室内门窗是否先切割再拆除			
10. 大面积切割时是否分成多个小块分次切除，开挖地板务必注意此程序（载重问题）			
11. 顺序是否由上至下、由内而外、由木而土，如从天花板开始再到墙壁地板			
12. 地面见底部分是否事先做好防水工程，避免施工过程中水渗到楼下			
13. 门窗拆除是否将原有的防水填充层清除干净，避免影响新门窗尺寸，使新防水无法完善			
14. 马桶是否最后拆除以方便工作人员使用（不影响清洁与排水的情况下）			
15. 管道间墙面是否留意水泥或瓷砖掉落，掉落物可能砸破里面的管线造成损坏			

16. 拆除前是否先以防尘网加以阻隔，避免污染外墙甚至邻居的环境			
17. 踢脚线拆除前钉子是否确实拔除			
18. 瓷砖、石材类的壁面是否打到见底			
19. 旧壁纸有无使用过酸的水刷除，避免水泥劣质化，日后上油漆造成裂痕或沙化			
20. 外墙脚手架有无做好防护与防尘隔绝应按相关规定执行			
21. 外墙脚手架有无挂警告灯具			
22. 拆除店家招牌是否注意漏电问题（小心触电）			
23. 燃气、抽油烟机、空调等的管线有无穿梁或动到结构层			
24. 临时水电有无安全配置			

注：验收时于“勘验结果”栏记录，若未符合标准，应由业主、设计师、工组共同商定解决方法，修改后确认没问题，于“验收通过”栏注记。

施工前 拆除 **泥作** 水 电 空调 厨房 卫浴 木作 油漆 金属 装饰

▲

Chapter 03

泥作工程

装修厨房、改建浴室、更换新门窗，或多或少都要进行泥作工程。

早期的泥作工人可以称得上是全方位型，从砌墙、贴砖到抿石子、洗石子，无一不会。可是最近20～30年来，由于大量建筑物需要大量的专业工人及人工，泥作工法被分成独立项目，做模板的归做模板，基础与结构工程又不同，连贴砖等装饰性的泥作工程也分为专业砌砖、专业粉光，以及各种石材工程，而泥作工人最怕的“抓漏”——防水，更是独立出来，必须具备专业知识、技能才行。

项目	必做项目	注意事项
认识水泥	1. 了解不同水泥配方的适用工程； 2. 湿式软底工法，用加了清粉的水泥砂浆表面可避免水化	1. 懂得计算装修时所需要的水泥与砂的数量； 2. 注意河砂的含氯量不能超标
结构泥作	1. 砌砖时要保持砖的湿润度，以利于与水泥结合； 2. 砖墙与天花板接合处要做植筋处理，避免出现裂缝	1. 新增砖墙的转角结合处砖块之间是否有交叉结合； 2. 施工完毕后 72 小时内勿做其他后续工程
基础泥作	1. 水灰比越高，密合度越好，比较不会透水； 2. 垂直和水平，利用灰饼做基准	1. 粉刷水泥前，要确认水电管线都已完工； 2. 水泥粉刷一定要到顶，不能让红砖裸露
装饰泥作	1. 石材要注意勾缝、无缝处理； 2. 视施工位置与需求选择工法	1. 施工前要确认瓷砖缝的大小，避免出错

泥作工程常见纠纷

（1）工人多叫了半车的砂说不能退，一直堆在工地，该怎么办。（如何避免，见 054 页）

（2）验收的时候发现墙体有点倾斜，工人说这很难避免，这样会不会倒塌啊？（如何避免，见 056 页）

（3）下班去工地看铺的瓷砖，收边条破裂了，贴面也凹凸不平。（如何避免，见 070 页）

（4）想要洁白的浴室，结果瓷砖抹缝工人用的咖啡色，感觉都不对了。（如何避免，见 070 页）

（5）半夜听到浴室有掉落声，起来一看，才装修没多久的瓷砖竟然脱落了！（如何避免，见073页）

Part 1

认识水泥

黄金准则：建材再贵再稀有，泥作工程没做好也是白搭。

早知道，免后悔

传统的泥作工人都是跟着老板做工程，以前多为师徒传承，概念比较完整，但现在有些人学个半调子就敢出来做老板，因此挑选泥作工人时，要特别留意口碑及工人的经验。近年来虽然分工越来越细，但施工品质不见得越来越好，一来是承包工程者名不副实，近年来技术断层，工人技术良莠不齐，嘴巴讲得天花乱坠，但实际可能禁不起考验；二来是由于原材料及人工成本调整，每个人都想赚一笔，A 工人请 B 工人帮忙，可能报价时多报个 200 元，若 B 工人再请 C 工人助手，再多报 200 元，平白无故就得多掏 400 元出来，导致统包工程成本往上加，品质没有跟着提升，造成越来越多的纠纷。

一样的水泥，用在基础泥作与水泥粉刷，会有不同的比例配方，了解各类水泥，且懂得计算装修时所需要的水泥与砂的数量，就不怕被工人唬住了。

目前常用的水泥配方，大致分为清粉、水泥浆、水泥砂浆、混凝土与钢筋混凝土等。

5类水泥用法大不同

1 一般水泥

普通硅酸盐水泥，容易造成壁癌。

2 早强（强化）水泥

快干水泥，用在商业空间或结构补强。

老师建议

不要为了美化空间造成建筑物变化，会引发漏水或坍塌问题。

清粉，增加干燥度与结合力

清粉，即干水泥粉，大部分用在壁面工程的抹壁，例如砌砖完成前需要抹壁，前一天先用水将红砖浇湿，趁砖头面湿内干时，用干净的水泥粉直接撒，这样水泥就会立刻黏在上面。等到要抹水泥砂浆时，由于已经有水分，上了水泥砂浆之后会与水泥粉瞬间产生结合力，会非常牢靠。

清粉用在地面工程上，多在湿式施工时使用。因为加了清粉的水泥砂浆表面可避免水化，所谓水化就像咖啡粉泡牛奶，沉淀时咖啡会沉到底下，而在水泥砂浆上撒清粉就像在表面再撒一层咖啡粉，如此就可增加瓷砖与地面的贴合力。

只是现在大多数工人都不这么做了，有的是觉得多了一道工手续，干脆简单行事；有的是根本不会。其实少了这道撒清粉工序，会造成日后瓷砖脱落，现场监工时可留意一下工人有没有做撒清粉这个工序，可避免日后的麻烦。

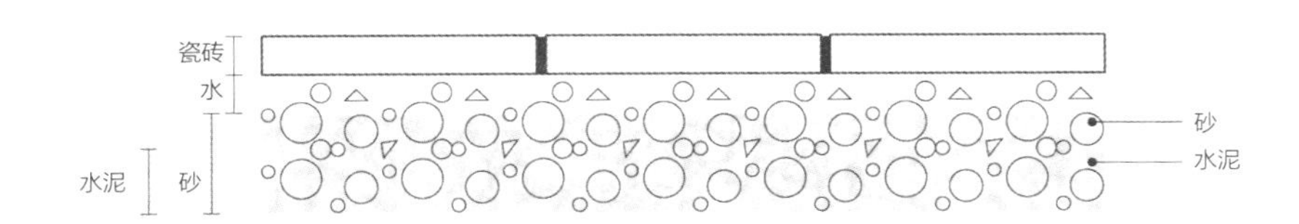

3 抗硫水泥

多用在温泉区浴缸或离海比较近的房子，因水泥经盐分反复干湿就容易风化，粉刷时加一点，可延缓风化侵蚀。

4 输气（发泡）水泥

遇水会膨胀的特性让水泥减轻载重，用于一般顶楼防水工程垫高后减轻载重、轻隔间工程，不会造成楼板单点受力。

5 无收缩水泥

抹壁灌混凝土或做养护工法时使用，为快速工法，干的过程不会过度收缩，墙壁不易出现裂缝，但不能添加过多，以免地震时产生爆裂性碎裂。

水泥浆（黏土浆），主要用在地面硬底工法

可分为浆与汁，差别在浓稠度上。多用于地面硬底工法，尤其是钢筋混凝土结构，红砖墙也可以，也用在干式软底工法前，例如在要铺设抛光石英砖、大理石前，淋黏土膏是比较“搞工”的，因为干式软底工法用水泥＋砂不加水，黏土膏可作为结构结合与瓷砖结合的介质，地面像三明治夹层般：楼板→水泥浆→水泥干砂。至于较稠的黏土膏多为壁面用浆，粉光用途。

水泥砂浆，多用于防水工程

指的是水泥＋砂＋水，其中水泥与砂有一定的调配比例，例如 1 ： 1、1 ： 2 的比例多用在防水工程，而 1 ： 3、1 ： 4 的比例多用在地面工程，像车库需要足够承重力，就以 1 ： 3 比例施工，而普通楼地板 1 ： 4 就够了。

贴不同种类的砖需要的材料不一样。普通瓷砖需要水泥砂浆，玻化砖需要瓷砖胶，石材需要 AB 胶。

如何算出装修时所需要的水泥数量

首先算出空间的长 × 宽 × 高＝总体积，再依比例算水泥与砂的数量。

举例：100 平方米的空间，以 1 ： 4 的比例来算，5 包水泥约需要 1 立方米的砂来调配。

长、宽各 10 米，面积为 100 平方米，地板垫高 5 厘米（重点在高度）

10×10×0.05 ＝ 5→体积为 5 立方米

套入水泥 1 ： 4 公式，5 立方米 × 5 包水泥（公式参数）＝ 25（包）

※ 备注：计算砂的数量符合体积即可，水泥只是介质。

类似这样先算总体积，再算出水泥数量的方法，即使是设计师都未必懂得，所以监工时如果先知道装修需要多少水泥，例如明明要用25包，但工人只订了18包，就代表有问题了。若水泥数量为25～30包是没问题的，因为必须预留耗损。

至于砂的数量，计算总体积时，以砂的体积为主，水泥为介质，就像泡牛奶，奶粉越多越浓，体积不变，5厘米是砂的高度，不是水泥的高度，水蒸发掉后砂是固定的，水泥不够会造成孔洞过大、太稀疏，类似蛋糕加了过多膨松剂，那它的结合率就比较差，毕竟水泥比砂贵多了，有些工人会在此动手脚，所以学会计算对自己比较有保障。

水泥量不够会造成结构太稀松，但是如果水泥够，而砂太多的话，也会出问题。有些工人偷懒，订了太多砂，又不想花工夫再清运掉，就直接拌进水泥浆里，结果一铺地面就让地面的基本高度多了1厘米，别轻视这1厘米的落差，因为工程里的门窗、水管、落水头等的高度都会受影响，甚至造成空间压迫感，失之毫厘差之千里。

一般订购砂多为袋装，有1米立袋装也有小袋装，一般大型建筑叫整车，一袋一袋吊上去或用单轮的手推车载运，家庭装修最好避免叫太多，以一台车约3吨半来计算，1立方米的溪砂重量在1.8～2.0吨之间，所以看车次就知道叫了多少砂。另外，一个米袋装的砂有20千克装与30千克装的，算袋量也知道订了多少砂。砂量太多一定要彻底清走，不可拌入水泥以免影响门窗高度，因为各工组施工都以放样、1米线作为参考依据，尺寸不合影响甚大。

不过，如果水泥或砂缺一两包无妨，因为基础工程高度略低可以补救，但过高却很难打掉，所以宁可低一些，且误差不要超过1厘米就好。

知识加油站 河砂、海砂差别在哪里

砂分溪砂、河砂、海砂等，只要含氯质符合规定，在 0.2×6^{-6} 以下，即使是海砂都可使用。但由于河砂偏细，目前普遍采用河砂

混凝土，多用于木作与卫浴垫高

就是水泥＋砂＋水＋石头，主要看千克数，因其对木作工程有影响，千克数越高越硬。现在大楼越盖越高，有时会偷工减料使用千克数较低的，但现在还有使用千克数更高的，容易发生与钢钉结合不紧的问题，因为千克数越高天花板工程如木工、轻钢架钉子越打不进去，遇到地震会比较危险。

除了木作工程，混凝土主要用在安装浴缸，以及浴室垫高。目前很多工人会把拆除的废料直接回填到浴室，当作垫高的基材不添加水泥砂进行拌合，这样做是不对的，因

为混凝土里的石头，专业术语叫“骨材”“级配”，主要是以粒径为单位，有2分、3分的，与水泥、砂、水拌合后，可以紧密不渗水。

虽然为了减轻载重，可以使用废料回填，但应该使用干净的碎砖头添加水泥砂，没有饮料瓶、饭盒等其他杂质，水泥块可以，瓷砖也勉强可以接受，它们可以与水泥砂浆紧密拌合，才不会渗水。但普遍都是陶粒回填，然后是渣土回填。一般有杂质的废料回填多用在道路工程，经过不同的夯石，再回填碎砂石，道路有足够的厚度可以渗水，下雨时柏油路可以渗水，与室内卫浴工程要求完全不渗水是两回事！室内施工中无杂质废料与水泥砂浆经过一定的拌合，才会变成坚硬的混凝土，如果掺有杂质而没有完全拌合，只要水泥砂浆出现裂缝就会漏水。现在浴室漏水到楼下的案例，70% ~ 80% 都是因为这个问题造成的。

卫浴回填不能使用杂质废料

钢筋混凝土，多用于结构，装修用需考虑重量

水泥＋砂＋水＋石头＋金属，除了骨材粒径之外，钢筋直径大小也很重要，多用在夹层的楼板，一般室内装修用得少，主要是考虑到重量。曾看到家庭里以钢筋混凝土盖了中岛厨具或浴缸，1 立方米的钢筋混凝土约 2.54 吨，再放上台面，至少 3 吨重，会使楼板容易变形。装修工程要计算重量，它会影响结构的力学变化，不要为了空间美观造成楼上、楼下建筑物出现变形，引发漏水或坍塌问题。

拌合的水泥沙浆

水泥验收清单

检验项目	勘验结果	解决方法	验收通过
1. 确认送达的水泥品牌与种类是否和报价单相符			
2. 注意包装外的保存期限，通常是 6 个月			
3. 开封后检查是否结块，若有结块表示水泥过干不能用			
4. 开封后 24 小时内要用完，遇水 1 个小时内要使用			

注：验收时于“勘验结果”栏记录，若未符合标准，应由业主、设计师、工组共同商定解决方法，修改后确认没问题，于“验收通过”栏注记。

Part 2

结构泥作

黄金准则：严禁将砖砌在不透水的材质上，无论新、旧墙都要做植筋。

早知道，免后悔

家里人口多，是把两室改成三室，还是把老公寓变身为小套房，一间分隔成好几间？类似这样的隔间，大部分人想的都是砌砖墙隔间。砌砖工程成为装修工程的重点之一，属于结构工程的砖墙其实有许多技巧，即使是老工人也有可能疏漏。没有经过植筋处理的砖墙，与天花板之间容易出现裂缝；而水泥和砂的水灰比若没有调配好，也会影响水泥与砖块之间的结合力。

砌砖墙之前，要注意施工现场是否适合做砖墙工程，如高层建筑物因地震容易产生裂缝，抗震性较差，就不适合砌砖墙。应在施工前就确定好尺寸，并确认有无影响到结构承重力的问题。像有些投资者爱把老公寓改建成多个小套房出租，在这样单一的空间里，如果全部实施砌砖工程，楼板可能无法承载如此的重量，一旦施工下去无法退货，白花一笔钱，还影响到整体结构的安全。

砖墙一般分为 10 厘米砖墙与 20 厘米砖墙。10 厘米砖墙适于在室内隔间使用，一般来说其隔音以及防火效果佳，比轻钢架隔间要好。20 厘米砖墙是专门用于户外墙隔间或分户等结构隔间，具有较强的防水及载重等功能，由于 20 厘米砖墙重量是 10 厘米砖墙的 2 倍，所以，无论是拆除工程时整体的结构分析，还是重新砌墙的隔间，都必须把重量考虑进去。

10厘米砖墙与20厘米砖墙对比

1 10 厘米砖墙

多用于室内隔间，如浴室、厨房等，也可作为装饰性的墙面，比起其他隔间墙具有较佳的隔音效果。

2 20 厘米砖墙

室外墙必须做承重性的支撑，比如房子的结构墙面，或作为独立性结构使用，比如围墙等，最好运用于低层的建筑，超过两层以上建议用钢筋水泥。

老师建议

砌砖工程要考虑楼板的承载重量，一旦施工就无法退货，白花一笔钱，还影响结构安全，得不偿失。

看泥作工人砌砖时，有几个检查点相当重要：

（1）严禁在不透水性材质上砌砖，例如塑胶、PU、玻璃、瓷砖等，这些材质的表面不透水，自然无法与水泥浆或砖块紧密结合，一但有地震之类的外力就可能倒塌。

（2）若是瓷砖地面，切记要砌在离瓷砖5厘米处，如此才能有空隙做阻绝填充型防水工程。

（3）无论新墙、旧墙都要做植筋，而在新旧墙交接处可加强使用钢丝网，因为水泥浆加钢丝网就变成钢筋混凝土，遇地震时较不易倒塌，砖头也不会爆裂。

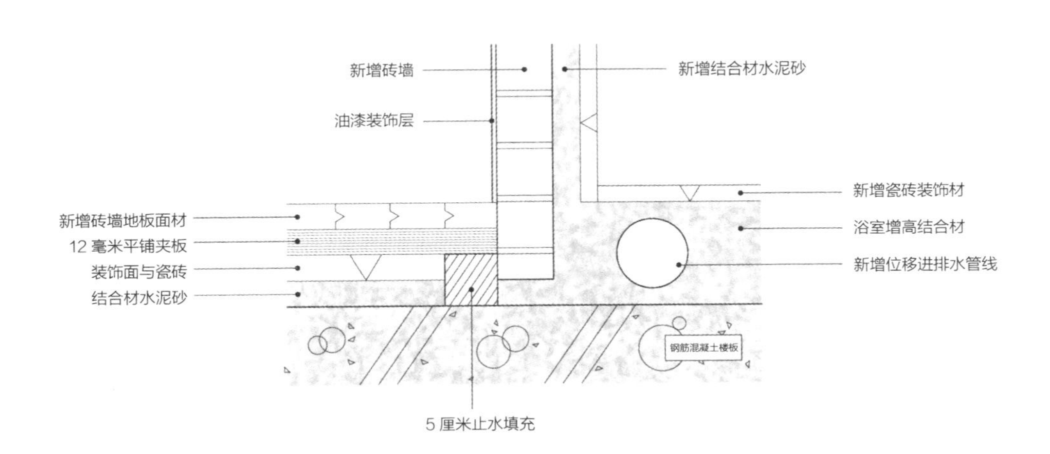

3 砌砖有高度限制

10厘米砖墙通常不超过3米高，20厘米砖墙不超过4.2米高，而且一天内砌砖的高度不可超过120厘米。如果不能在一天内完工，预留的砖与砖结合尽量保持阶梯状，除了受力面较大之外，接合也较好。

4 天花板需植筋

通常砖墙砌到天花板时，无法完全与空间吻合，这时一定要植筋，才能让墙面与天花板紧密结合。

（4）门洞过河一定要留适当空间做水泥填充，若没有做过河，则砖墙容易出现裂缝。过河一般指的是横置在门上的水泥制品，由混凝土内置钢筋制成，其功能在于承载门窗上砖墙的重量，并避免裂缝造成门窗变形。

（5）饱浆的动作不可省略，砖与砖之间的间隙，要用水泥做好填充，这就是“饱浆”。

一个好的泥作工人，从放线尺寸就可看出其专业性及用心与否。砖与砖的结合通常有L形与T形两种方式，不管以何种方式结合，砖块一定要一层层地交叉相叠，严禁五六层堆成一叠，否则容易因地震出现裂缝。好的工人会注意砖块的堆叠，上下左右是否对称，对垂直、水平线的要求也很严谨。当然，有无填饱浆、撒清粉，以及掉下来的泥砂是否适时清除，都是判断工人是否专业、负责任的依据。

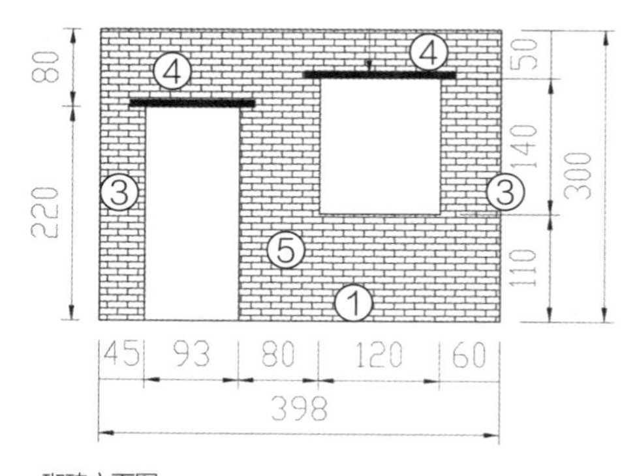

砌砖立面图

必知！建材监工验收要点

一般消费者可能不会直接接触到挑红砖的过程，多为设计公司或监工单位直接叫货，但货到时，最好还是亲自确认一下红砖本身材质是否有过多杂质，可敲开后以肉眼观察是否有杂质混于其中。

■ 建材与工法施工原则

1. 砌砖时要做滋润处理

当工人在砌砖时，要注意他有没有做滋润处理，使砖头达到一定的吸水率，以方便其与水泥的结合。

2. 放样要准确

放样要准确，如一米线、垂直线以及施工位置的开口部位。

3. 水灰比要适当

砌砖时要注意工人是否调配了适当的水灰比，一般来说水泥掺和砂的比例应为 1：3，若比例不对，水泥和砖的结合会比较差，而且应避免过度液化的产生。如产生少数的液化流体时，地、壁要做好清除泥渣的工作。

4. 新、旧墙的结合处要做植筋处理

砌砖时，新、旧墙的结合处要做好植筋处理。

5. 砖与砖之间是否排列整齐

水泥砌砖时要注意砖与砖之间排列是否整齐。

6. 新增砖墙转角处应做交叉结合

另外，在新增砖墙的转角结合处，砖块之间最好做一对一的交叉结合。

7. 检查天花板结合处是否结实

检查天花板结合处是否做了水泥填充和加强。

8. 门窗要做过河支撑

门窗有无做适当的加强支撑，例如过河，并尽量避免使用木制或有机材质的门窗，否则容易分解、腐烂。

9. 注意门框与砖墙结合是否紧密

装设门框时要注意垂直、水平与直角，另外也要注意与砖墙结合是否紧密。

10. 砖墙过高时应加做砖柱支撑

砌砖时若施工达到一定的高度，要考虑是否加做砖柱，以加强支撑，以免砖墙面过高而发生倒榻意外。

11. 砌砖不可一口气砌得过高

砌砖不可一口气砌得过高，如果超过 120 厘米，最好分批砌；若为小型施工面积则可自行斟酌。

12. 施工完 72 小时内勿动，以免破坏结合力

施工完毕之后，72 小时内勿做其他后续工程，如水电配置与拆除，以免破坏水泥的结合力。

13. 室外墙一定要用 20 厘米砖

若为室外墙一定要使用 20 厘米砖，其防水性与承重力都较佳，但要注意其无法做剪力支撑。

结构泥作监工总汇
砌砖监工 10 大须知

1	确认尺寸与位置	比如确认门窗的宽度与高度，以及空间内外的实际尺寸，避免后续修改
2	防水工作不可省	尤其是地面，拌合水泥浆及砌砖时的浇水动作，都有可能渗水至楼下
3	确认钢钉的间距	先检查过河的宽距、尺寸，两边须各凸出 10 ~ 15 厘米，如果是宽度为 90 厘米的门，则眉梁的长度为 110 ~ 130 厘米
4	拉直门、窗线条	门窗框立完要确认垂直、水平与直角，避免歪斜，免得门窗关不拢或开启不顺
5	先打水平参考线	施工前，先在墙壁打上 1 米线（水平参考线），确认地面水平，作为门与窗的水平高度，或垫高、下压的参考
6	浴室砌砖要满缝	浴室厕所砌的砖如果勾缝没有饱浆，裂缝会渗水造成壁癌问题
7	砌砖要砌到顶端	砌砖至顶接连天花板，不得填充有机物质或者放空
8	门窗框要清洁干净	门窗框的上缘不能有水泥渣等杂物，必须水洗干净，以免刷油漆或贴壁纸时难收尾
9	外墙地面要做防水	26 厘米外墙的地面要做好水泥防水处理，以免因地震造成裂缝而渗水
10	砌砖前先清洁地面	地面如果是瓷砖、石材或塑胶，砌砖时要尽量挖除干净，以维持良好的结合力

砌砖工程验收清单

检验项目	勘验结果	解决方法	验收通过
1. 施工现场是否适合做砖墙工程，抗震性如何			

2. 有无确定施工尺寸与位置			
3. 放样是否准确			
4. 砌砖前有无做好防水工作（尤其地面），避免砌砖时的浇水从楼板裂缝渗透			
5. 砌砖前是否将旧有地面的瓷砖或石材、塑胶挖除，避免没有良好的结合力			
6. 砌砖要做滋润处理，让砖头达到一定的吸水率，方便与水泥结合			
7. 新、旧墙的结合处做好植筋处理，注意钢钉间距与数量			
8. 过河是否使用替代品如木材等有机物填充			
9. 门窗框上缘的水泥渣等是否清理干净			
10. 检查过河宽距尺寸，两边各凸出 10 ~ 15 厘米			
11. 门框立完是否确认垂直、水平与直角，避免门关不拢、开启不顺			
12. 装设门框要注意垂直、水平与直角			
13. 施工时是否确认地面与墙壁的水平，方便门窗水平高度做垫高或下压的考量			
14. 天花板结合处有密实的水泥填充与加强			
15. 砖与砖之间排列是否整齐，上下有无对称一致			
16. 地、壁若有溢浆要清除			
17. L 形、T 形结合有无交叉结合			
18 砌砖时注意适当的水灰比，避免液化产生			
19. 砌砖施工达到一定高度时，加做砖柱加强支撑避免倒榻			
20. 新增砖墙的转角结合处砖块之间是否有交叉结合			
21. 室外型要使用 26 厘米砖墙，防水性与承重力都较佳			
22. 26 厘米外墙地面是否做好水泥防水处理，避免因地震造成裂缝而渗水			
23. 施工完毕之后，72 小时内勿做其他后续工程			

注：验收时于“勘验结果”栏记录，若未符合标准，应由业主、设计师、工组共同商定解决方法，修改后确认没问题，于“验收通过”栏注记。

Part 3

基础泥作

黄金准则：水泥粉刷得越厚越好？错！适当厚度的水泥粉刷结合力才比较强。

早知道，免后悔

你知道水泥粉刷的作用是什么吗？水泥粉刷又分为哪些步骤，以及分为哪些项目？水泥粉刷粉光的工程虽然看起来大同小异，却可能因为施工的空间不同而在工法上有所不同，要让壁面或地面看起来更平整亮丽，那么最基础的粉光工程就是应该要注意的地方！水泥粉刷可以用作防水，并加强砖墙的物理性与结构性，同时也具有美化的作用，另外也方便与其他材质相结合，比如油漆、壁纸。

砌完砖墙再进行油漆或贴壁纸等壁面装饰工程，还有一道粉刷水泥的工序，要让壁面或地面看起来更平整、亮丽，那么最基础的粉光工程就很重要。水泥粉刷分为打底及粉光，打底是用 1 ∶ 3 的水灰比混合水泥浆将壁面、地面抹平，如此能使砖墙的物理性结构比较好；而粉光的水灰比为 1 ∶ 2 或 1 ∶ 1，因为水灰比越高，密合度越好，越不易透水，适合用作油漆前底面的防水粉刷。但是如果认为水泥粉刷得越厚越好，那就大错特错了！因为过厚的水泥容易造成裂缝，适当厚度的水泥粉刷结合力才比较强，重点在于水灰比要正确，粉刷的效果才会好。

水泥粉刷步骤

1 清空壁面、地面。 ▶▶

2 确认水电管线是否无误。

老师建议

浴室及顶楼在做水泥粉刷的同时，切记做好防水。

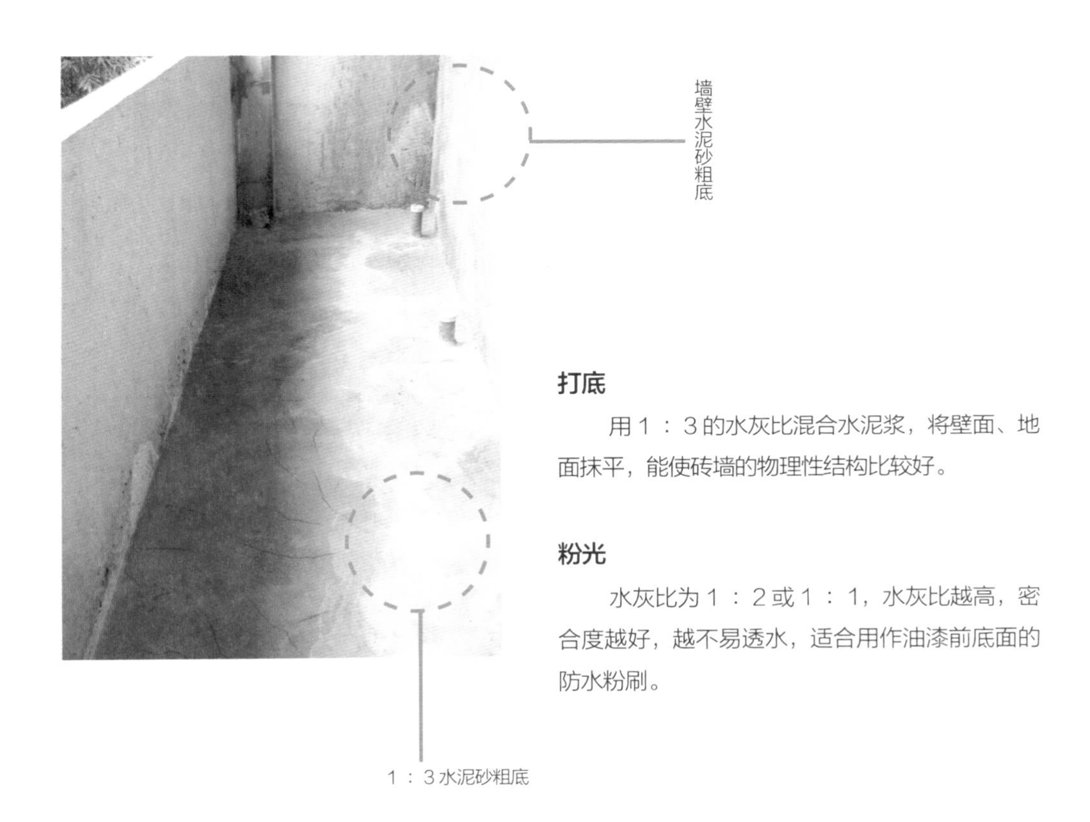

打底

用 1 ： 3 的水灰比混合水泥浆，将壁面、地面抹平，能使砖墙的物理性结构比较好。

粉光

水灰比为 1 ： 2 或 1 ： 1，水灰比越高，密合度越好，越不易透水，适合用作油漆前底面的防水粉刷。

3

粉刷前一天做灰饼（距离不超过 1.2 米）。

4

确认门窗框垂直、水平位置。

5

壁面、地面要先洒水。

传统的泥作工人会利用贴在壁面的十字线，以其垂直与水平的交叉处做灰志，确认

水泥粉刷的位置，千万记得，在粉刷前务必确定所有地、壁水电管线都已经完工无误，不然一旦发现有错，就必须挖掉重做。有时水泥粉刷过的墙壁看起来似乎凸起，通常是因为水泥比或者水灰比有问题，或者壁面油漆凿毛没有切实、瓷砖没有彻底去皮，致使壁面含有油性或过度平滑，造成结合力不够，遇到地震、结构变化等情况，就会造成壁面凸起。

在较潮湿的浴室里进行水泥粉刷，建议用 1 ：3 的水灰比打底后，在地、壁面另用适当比例的防水剂涂抹，再做地壁的贴砖处理比较妥当。至于顶楼若没有加盖采光罩或做 PU 防水的话，切记在地面做水泥粉刷工程时，要同时加强防水。

粉刷用的水泥砂一定要用干净的砂子，不可掺杂贝壳、泥土、有机物等杂质，再挑选新鲜、没有结块的水泥，来回干拌两次以上再过筛，粉刷后的表面才会比较细滑；严禁掺杂洗衣粉或者具有酸碱性的界面活化剂，以免水泥砂结合出问题。

切记，水泥粉刷一定要到顶，尤其浴室厕所不能见到红砖，若水泥粉刷不完全，里面可能会躲藏蟑螂等害虫，后患无穷。

6

水泥粗底前撒清粉增加结合力。

▶▶

7

粗底粉光工程开展前砂过筛。

▶▶

8

“一粗底、一面光”，别贪快，使用转角压条确保转角线条平整。

从砌好砖墙到墙壁抹好后，还有一项重要的工序——泼水养护，它也算是养护水泥砖墙的工法。有经验的泥作工人在墙壁或地面抹好、水泥表面略干后就泼水，这是因为水泥墙壁、地面会吸水，尽管水泥外表干了，但内部其实还有水分。等待水泥全部干透需要 21 天，这期间如果可以天天泼水，至少泼 3 天至 1 周，顶楼的话则每 1 ~ 2 小时浇一遍，就有助于抑制水泥快速干缩，避免爆裂。

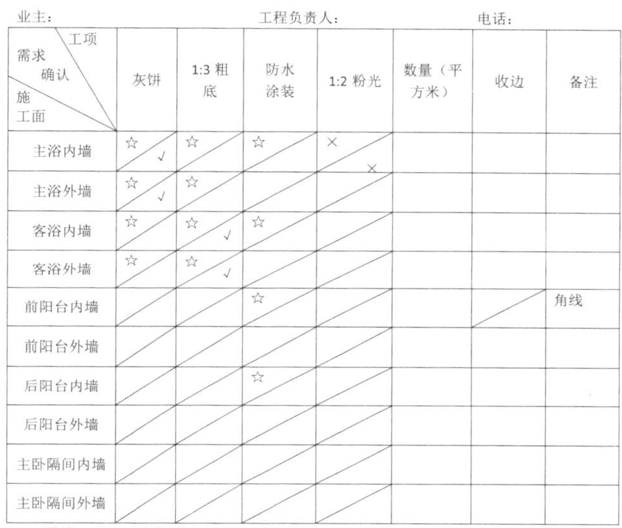

水泥粉刷备忘表

业主：　　　　工程负责人：　　　　电话：

需求确认 工项 / 施工面	灰饼	1:3 粗底	防水涂装	1:2 粉光	数量（平方米）	收边	备注
主浴内墙	☆ √	☆	☆	× ×			
主浴外墙	☆ √	☆					
客浴内墙	☆	☆ √	☆				
客浴外墙	☆	☆ √					
前阳台内墙			☆				角线
前阳台外墙							
后阳台内墙			☆				
后阳台外墙							
主卧隔间内墙							
主卧隔间外墙							

☆：需施工　√：已完工　×：不需施工

防水	品牌	型号	工法	次数

知识加油站

有的业主也会要求用七厘石防水粉刷，一般用作外墙防水处理之用，也可用在浴室地面、水塔或浴缸，方法是用 1 ： 1 或 1 ： 2 的水灰比拌合后再粉刷。原则上要一次做完，不可分两次，同时要预留石头热胀冷缩的缝隙，避免产生裂缝

9

▶▶ 每一个阳角处都要确定做到直角。

10

▶▶ 检查完毕后大清扫。

基础泥作监工总汇
水泥粉刷监工 10 大须知

1. 壁面要做好洒水、清理的工作，水泥粉刷前先润湿，再适当洒水泥粉，以增加结合力

2. 标识灰饼时，一定要用垂直、水平线的交叉点，距离不超过 1.2 米

3. 灰饼材质不可使用有机质如木头，因为有机质容易腐烂，可能会造成瓷砖掉落

4. 水泥砂一定要用干净的砂子，不可使用掺杂有贝壳、泥土、有机物等杂质的砂子。要做好防护处理，不能将其随意倒弃在泥土上

5. 水泥砂要筛过，必须来回干拌 2 次以上，以保持均匀

6. 要切实做好“一粗底、一面光”，方便涂制油漆，粗底完成后，等隔天快干时再粉光，不可以贪快一次做完

7. 水泥粉刷一律要到顶，尤其浴室厕所不能露出红砖，若水泥粉刷不到位则里面将会躲藏害虫

8. 对于门窗临时固定物如木头、报纸等，记得要拆除，如没做到，将来会有漏水问题发生

9. 水泥粉刷时，每一个阳角处都要确定做到直角垂直，可使用转角压条避免出现弯曲的现象，其目的在于防止贴壁纸或瓷砖时，发生贴歪的情况

10. 铝门框要用 1 ： 2 的水灰比加上防水剂，确保做饱满。室外要做斜边泄水，内部则要做直角收边

知识加油站

在水泥粉刷层未完全干前为面已干、内潮湿的过渡期，每平方米水泥面要承受 2.8 万焦耳的水压力，若温度升高，如太阳直射室温达 38 摄氏度以上的话，水会往外冒造成表面裂缝，早晚浇水就可抑制水的发热。但现在几乎没有泥作工人会花这么长的时间为业主养护水泥墙面、地面，因此业主要自己做好养护工程

水泥粉刷工程验收清单

检验项目	勘验结果	解决方法	验收通过
1. 确认所有水电管线位置、孔径是否完工			
2. 确认门窗框有无造成垂直或水平移位			
3. 水泥粉刷前，壁面要先做好洒水、清理工作，再适当洒水泥粉增加结合力			
4. 灰饼在垂直、水平线的交叉点，距离不超过 1.2 米或 1.5 米，不可使用有机质如木料，因其易腐烂			
5. 确认水泥砂是否为干净的砂子（无掺杂贝壳、泥土等），应做好防护处理，无垃圾及杂物			
6. 确认送达的水泥品牌、型号是否和估价单相符			
7. 水泥是否新鲜、无结块现象			
8. 水泥砂是否来回干拌两次以上，以保持均匀			
9. 水泥砂筛过且未掺入洗衣粉等酸碱活化剂，因其会使水泥砂的结合出问题			
10. 检查是否做到“一粗底、一面粉光”			
11. 粗底完成后隔天才粉光			
12. 水泥粉刷要到顶，尤其浴厕不能露出红砖，粉刷不到位会躲藏害虫			
13. 七厘石要一次做完，不能分两次施工			
14. 铝门框要用 1 ： 2 的水灰比加防水剂做饱满填充			
15. 室外要做斜边泄水，确认内部是否直角收边			
16. 门窗临时固定的木头或报纸要拆除，避免将来发生漏水			
17. 水泥粉刷的每个阳角处是否直角垂直，可用转角压条避免弯曲，防止壁纸或瓷砖贴歪			
18. 开展混凝土工程前，地面是否做好清除工作			
19. 垫高工程是否有废弃物且不能过厚，避免载重过大造成地板裂缝			
20. 较大瓷砖使用干式软底工法，水灰比是否符合要求，若水泥比过小地面会沙化或地砖凸起			
21. 湿式软底铺砖前是否加上水泥粉以提升黏着力且避免水化			
22. 搅拌水泥有无直接在地面进行，避免沾到杂质			
23. 粉刷后确认地壁接合处、门窗上缘有无完成清理工作			

注：验收时于“勘验结果”栏记录，若未符合标准，应由业主、设计师、工组共同商定解决方法，修改后确认没问题于“验收通过”栏注记。

Part 4

装饰泥作

黄金准则：无论切割石材还是瓷砖，切割处一定要贴在阴角才安全。

早知道，免后悔

上千万元的豪宅，只是因为在贴石材时的装饰泥作工程没有做好，造成壁面漏水问题严重，除了室内几十万元的装修报销外，还必须把贴在房子外面的花岗石全部拆掉重做，好心痛呀！这个是真实案例，别以为水泥粉刷后贴瓷砖或石材工程就简单多了，相反，石材及瓷砖由于材料所费不计其数，监工时更要注意细节，以免花了大钱却败在细部上。

瓷砖是土制火烧的物品，因温度与配方不同，产生不同陶质、瓷质、石质等种类的使用砖，由于有不同的尺寸、花样，甚至通过高科技做出金银色或者是仿石材、仿壁纸等的种类，虽然价位稍高但仍然相当受欢迎。依瓷砖材质大致分为三类：普通瓷砖、玻化砖、仿古砖。

至于石材，则分为大理石、花岗石、晶石、化石以及人造石，物以稀为贵，越特殊的石材价位越高。一般来说，大理石及人造石较常见于地材使用；花岗石、晶石或化石等，多半应用在壁面的局部装饰。虽然种类繁多，但在地面及壁面施工上工法不同。

快速认识7大类装饰材料

1 透心石英砖

以单一材质，一开始就与色料混合好，固定加入石英、云母类或复合其他材质，整片砖配方从一而终，经过混料、压制、烧结与加工一次完成，像马赛克、抛光砖。

2 不透心砖

表面为施釉型的瓷砖，可再做一次加工或二次下料，也可经过施釉、上釉的着色处理，像瓷砖及石英砖等。

3 花岗石

运用在壁面、地面，甚至于结构体上，比如罗马柱、围墙、基座等。

老师建议

石材结合没做好，装修费用付之东流，不要买了昂贵的材料，却败在细部工程上。

两种常见贴砖及贴石材工法：

（1）硬底工法。

多数适用于地壁面，以 1 ： 3 水灰比水泥粉刷打底，待底面干了后再贴瓷砖以及细石材（洗石子），也适用于小片瓷砖如马赛克。

（2）软底工法，又分成干式与湿式两种。

① 干式软底工法：又称为松底工法，用于地面工程的居多，多用在客厅、卧室，以干拌水泥砂混合，再依水平高度把大面积的瓷砖如 60 厘米 ×60 厘米以上或较重石材做适当的铺设。

水泥砂要混合均匀，并干拌至少 2 次 → 测出地面水平与高度 → 取适当的水 → 水泥砂适量放置地面或刮平 → 洒上白水泥浆 → 试铺瓷砖 → 再确认水平 → 调整砖缝，并均匀压贴 → 其他同湿式软底工法后续处理方式

②湿式软底工法：用水泥砂以 1 ： 3 或 1 ： 4 加水拌合，均匀地浇铺在地面上，再将石材或一般尺寸（30 厘米 ×30 厘米～ 50 厘米 ×50 厘米）的瓷砖铺设在地面。要注意的是，过大或过小的瓷砖或石材，不适合使用此种工法。

地面杂质需先清除 → 配管要完成 → 管线下面记得要做好防水工作 → 水灰比的比例一定要正确 → 多做一层水泥浆地 → 排水孔要先做塞孔 → 注意排水的坡度 → 水泥砂浆要均匀铺设于地面 → 施工前最好再多洒一层水泥粉 → 注意高度并以瓷砖图配贴 → 瓷砖表面要干净 →隔天抹缝要及时 → 完工后的保护别忘记

4 大理石

运用在地面或壁面、台面等。

5 晶石类

多用在高档的餐桌或者具有透光性的壁墙上，也可用于壁面修饰造型。

6 化石类

可用在装饰、摆饰上，少数用在地面或壁面上。

7 人造石

多用于厨面或台面上，也有用于地面或门槛的。

瓷砖施工法

瓷砖工法要先选缝，缝分细缝、满缝、无缝，其中，无缝是用在石材工法，若要求做到满缝 3 毫米以上，必须选择修边砖。另一个须注意的是阳角与阴角，阳角是直角外角，易割伤人，若是瓷砖切割处，就一定要贴在阴角比较安全；同时尽量用透心瓷砖切割，不要用表面施釉的砖，因为透心瓷砖是土质，而表面施釉的陶质红色的砖上面是白色釉，会露出里层。至于收边加工也建议采用透心瓷砖，不然就是用转角条。最好事先在瓷砖计划图面上标出阳角、阴角切割面，再把要用的瓷砖尺寸等标明（加上分类，注意重点），就不容易出错。

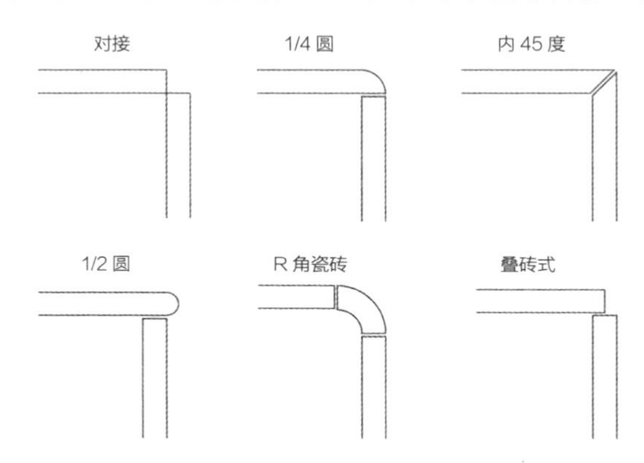

> 细缝：瓷砖与瓷砖间的缝隙大小在 3 毫米～ 1 厘米之间，可增加瓷砖的片与片的结合度，并起到修饰的效果。
>
> 满缝：瓷砖间的缝隙在 3 毫米以下，可让瓷砖看起来更有质感。
>
> 无缝：属于石材美容工法之一，将石材的结合面做切割后，再填上适当的同色填充剂，并经过一定的抛光处理，较少用于瓷砖。
>
> 修边砖：一片片的砖像红豆饼用机器压模，一压旁边就有类似裙子的边，修边砖就是把这些多出来的边修掉

石材施工法

至于贴石材工程，除了要有计划表与计划图外，重要的是要打板。在确定石材的种类、颜色后，尺寸计算必须特别小心。石材以才数计算，由于牵涉纹路、耗料、对花等问题，往往会产生纠纷，所以事先确认尺寸相当重要。一般来说，大面积的装修会用到整块原石，这时必须注意纹路、耗料、对花、结合点的问题，而且通常采用无缝工法，必要时还可以加工，例如切沟达到止滑的效果。

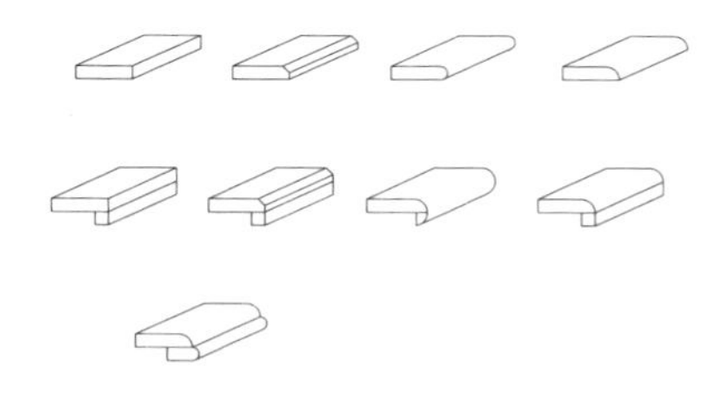

石材倒角样式图

知识加油站

打板	又称原型板，一般用于石材台面，或特殊形状尺寸的定规，例如洗脸台，会有洗脸盆、水龙头的孔位、孔距、孔径、孔数等，可委托木工依图来做切割的处理

石材工法里最重要的是要做好结合处理，这个涉及结构力问题，还有埋入材质与石材的结合方式、种类及数量，在一开始就要说明，尤其是石材与石材之间的结合阻水材质，以及阻水性、耐候性非常重要。有些房屋是钢筋混凝土结构，要钉入钢钉有困难，但业主又喜欢用花岗石装饰，没有妥善施工，造成结合力、埋入度不够。曾有个案例因为在石材与石材中间仅用硅胶黏合，结果外墙漏水严重，老化龟裂，花费上百万元最后只能拆掉重来。

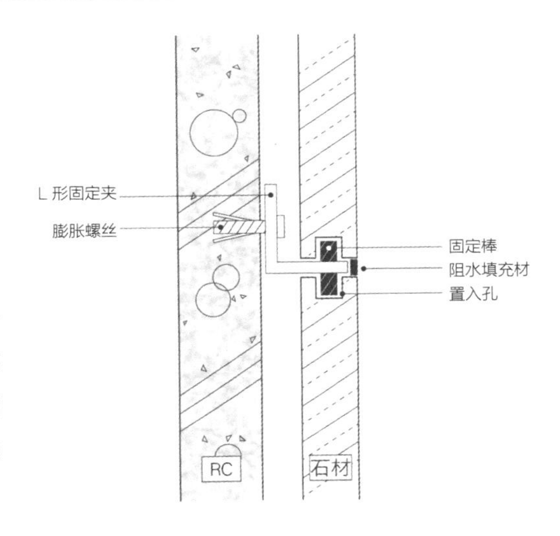

瓷砖、石材加工 10 招

工法	用途及建议	适用材质
切割	慎选专业石材加工厂，切割错就报废了，切割时要留意“对花”	石材、瓷砖、玻璃
倒角	美观之余，可加强接触面的舒适度，角越复杂成本越高	瓷砖、玻璃、石材、木材
光边	倒角完，光边处理可增加光泽度、细腻度	瓷砖、玻璃、石材
水磨	石材表面再次进行水磨，作用类似打蜡，增加光泽度	石材
取孔	主要为了满足机械性、功能性或造型上的需求，注意四孔原理	各式建材
切沟	为了美观，也为了止滑、防滑，通常会埋不锈钢条、光条，切沟完仍需要进行光边或水磨处理	石材、瓷砖、玻璃
喷砂	局部或全面增加粗糙面，满足美观、止滑需求，注意防护	石材、瓷砖、金属、玻璃、木材
岩烧	花岗石适用，瓷砖、大理石不适用，利用火烧产生粗糙面，满足美观、止滑需求，若经常接触水要做好防护	石材
镶嵌	瓷砖或大理石如楼梯踏板切沟完后镶嵌荧光条或马赛克，属于美化工程，须注意结合力及维修的方便性	各式建材
水刀	雕刻造型，留意图案版权及后续维修，资料做电脑存档较保险	石材、瓷砖、玻璃、木材

备注：一般加工过程中不会只用一种工法，而是多种工法互相配合。

细石材施工法

除了瓷砖与石材，有些消费者还偏爱细石材，包括洗石子、抿石子、暗石子、斩石子、磨石子等，不同的细石材工法会产生不同的表面，在同一面墙壁可以混合各种工法，也可以用不同颜色呈现，最好事先准备细石材计划图与计划书，慎选材质后再施工。值得注意的是，细石材除了材质、粒径、颜色搭配与设计师的功力相关外，施工最重要的是雨切工法，其就像人的眉毛与睫毛的作用，防止水流直接倾泻而下，通过雨切式设计，避免水直接渗透，而影响材质变化，所以排水度很重要。

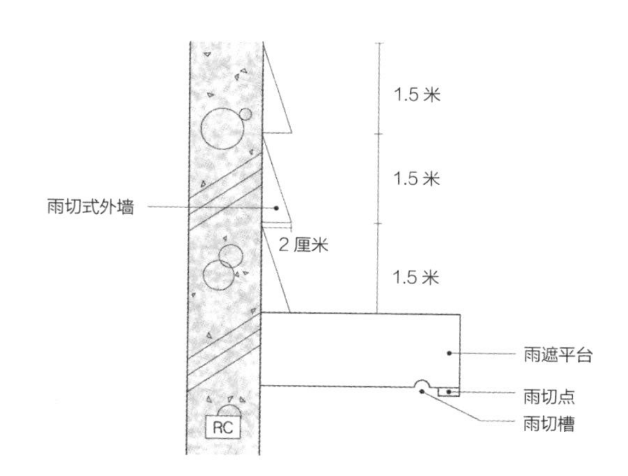

知识加油站　石材保养小贴士

1. 石材美容要注意勾缝、无缝处理，也可表面做全面抛光处理
2. 清洁时避免酸性侵蚀
3. 平常要做石蜡或打蜡处理，最好使用具有油性的蜡
4. 避免重力性的单面撞击，以免石材断裂

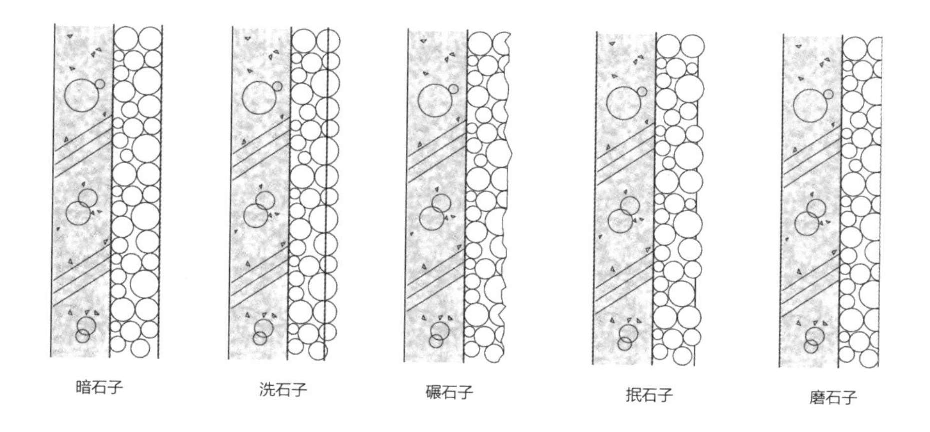

必知！建材监工验收要点

瓷砖与石材的加工，方式繁多，包括切割、倒角、光边等，在贴瓷砖前要慎选瓷砖，确定品牌、型号、材质、尺寸、勾缝以及收边加工方式，由于瓷砖的尺寸与工法息息相关，壁面为大面积的，大多采取湿式硬底工法，而地砖要考虑排水系数，所以最好事先拟定计划。

一、复古砖

复古砖利用复古式色泽、斑点、复古色花草，或者凹凸面等，以新旧对比的感觉呈现出所谓复古的纹样。可运用于室内外，如室外的外壁墙、主题式墙面等，也可用在室内的桌子、厨具台面，甚至地面及壁面。复古砖价格虽不像抛光石英砖那样高，但选购时仍需考虑成本。一般来说进口复古砖价格较高，相较之下国产的价格就较为便宜，但要注意施工方法。

■ 建材与工法施工原则

1. 底材夹板品质应挑选较好的

若要贴在木头上，木头的背面一定要坚硬，不得有松软的情况发生，材料本身要做抗潮性处理，底材夹板的品质要注意选择较好的。

2. 凹凸表面要选择施釉型

若复古砖需要选择凹凸面的装饰搭配，则表面最好选择施釉型的，因为其比较耐脏。

3. 地板复古砖的施釉面厚度要够

复古砖运用在地面时，施釉面要达到一定厚度，这样不易有磨损的痕迹出现。

4. 有破损要及时更换

现场验货时，若有破损要求厂商即时更换。

■ 监工与验收重点

1. 复古砖应依使用用途慎选

要特别注意室外砖与室内砖、地壁砖的使用用途，勿颠倒使用。

2. 考虑环境温差变化加强施工

一般复古砖又分为透心类、不透心类的陶质类材质，由于吸水率较高，所以要考虑环境温差的变化，避免因施工贴着不实而发生整片剥落的情况。

3. 慎选黏着剂

复古砖若贴在玻璃、金属等结合力较差的材质上时，就要慎选黏着剂。如黏附在木材上面时，选用白胶＋石膏，或者 AB 胶等黏着剂，黏着剂要切实密合。

4. 收边切割要注意尺寸，以免刮伤

使用复古砖，收边切割要注意尺寸，避免有切割面，以免刮伤或破坏砖的整体纹路。

5. 完工后预留瓷砖，方便修补

如果有固定花样，记得要预存一些瓷砖，人为破坏后可以更换修补，以免造成图样上的差异。

6. 钉子切勿直接钉在瓷砖上

避免将钉子直接钉在瓷砖表面，这样做容易产生裂缝。

7. 可用白色水泥填缝

复古砖铺在室内，如玄关或壁面时，可使用白色水泥将填缝刷白，也可加上透明固化剂来保护，使得复古砖跳出固有的效果。如果不想那么明显，可调一些乳白，降低色差，但不建议用灰色！

8. 透明固化剂要刷薄

使用透明固化剂时要注意，刷得太厚、太多时，很快就会变黄，要尽量刷薄。

二、抛光石英砖

抛光石英砖透心石英质的较多。基材坚硬，适合修边、抛面处理，大部分都以仿石材的感觉为主，所以其细缝处理特别重要（隙缝、无缝与满缝处理请参考），表面也都会做一层打蜡与封孔防护处理。抛光石英砖有表面不施釉与施釉面， 釉面是为了做印刷着色处理，以呈现出不同的风格，比如布纹、金属、仿石纹等表面。现在也流行半抛、全抛或不抛的石英砖，在表面质地的表现上给人不同的感觉，但固定的特性为有修边处理。用于地板及壁面的较多，也可使用在洗脸台、楼梯踏板或者户外的外墙等地方。

■ 建材与验收标准

1. 确定材质需求

注意材质为透心式还是不透心式，会有价差与耐用性上的差异。

2. 计算建材面积及施工成本

抛光石英砖面积越大，施工成本相对越高，要仔细考虑预算。

3. 选购进口产品时应注意事后维修问题

如选购进口产品，要注意何时到货、是否缺货以及事后维修等问题。

4. 验货时再次确认尺寸及样式是否正确

产品送到现场时，要确认尺寸大小，尤其大尺寸的容易有翘曲、变形等问题，在使用时就要做好选择，搬运时要小心产生碰损与刮痕。

■ 监工与验收注意事项

1. 表面防护要彻底，以免吃色

如属于透心材质，要注意表面渗透与吃色的问题，表面防护要彻底，透水性如何要先了解清楚。

2. 检验瓷砖与壁面的结合力

使用在壁面时要特别注意结合力是否牢固，可用手敲，若声音不实，或有浮动现象即要马上处理，以避免剥落情况发生。

3. 水泥打底要平整

水泥粉刷打底的工程，要先从底层的平整度开始，如做灰饼处理，避免翘曲。

4. 检验地砖与门、楼梯有无高低差

在地面施工时，要注意水泥底材施工完成面的高度，与门、楼梯有无高低差的情形，避免事后更改门与楼梯台阶的高度。

5. 要注意楼梯踏板的支撑力

如用于楼梯踏板，注意其底部支撑力是否足够，尤其在做钢构楼梯的踏板时要特别注意底材支撑力、 承重力够不够，避免事后产生剥落、断裂破损。

6. 浴室要有排水坡度，以防积水

如果用于有排水设计的空间比如浴室，要注意排水坡度，以免发生积水的情况。

7. 检验转角收边是否正确

使用时要注意转角收边施工是否正确。

8. 钻洞应小心处理以防爆裂

如果要在抛光石英砖上进行其他工程，比如钻洞，钉木地板、柜子与隔间时，要叮嘱施工人员务必小心，避免造成地面单片面积爆裂的情况发生。

9. 地砖施工时应铺上空心瓦楞板

地面砖施工完毕后要确保做好防护工程，如铺上空心瓦楞板、PET 板或其他具保护功能或不透水的材质，避免后续工程有水、其他液体类侵入或重物撞击而使表面遭到破坏。

10. 纹路方向是否一致

如有花样纹路，要注意纹样的方向是否一致，避免造成视觉上的不美观。

三、马赛克

一般尺寸在 2 ~ 8 厘米的都可称为马赛克瓷砖，其种类相当多样，适用于天花板、地面建材，甚至壁面拼花。

1. 玻璃马赛克

玻璃马赛克是经过尺寸的缩小，赋予原来的玻璃颜色，或者二次喷漆加工，或是表面涂装处理制作而成，其特性为较为明亮、透光。

2. 陶瓷类马赛克

经过固定尺寸单板压制，本身底材大部分为瓷质，表面施釉则为施釉马赛克。

3. 透心马赛克

大多为石英材质，施釉马赛克为不透心砖，本身底层属于石质，表面瓷质经过多彩施釉处理，表面材与基材色泽不同。

4. 加工马赛克

经过裁切加工的瓷砖，大部分属于透心质，比如抛光石英砖，或者石材、拼花式的瓷砖腰带等，都属此类。 其实马赛克适用于任何地方，像是天花板、地面建材，甚至壁

面拼花等，由于马赛克色彩鲜艳、面积小、变化多，因此在收边转角、单一面积修饰、主题性空间墙面等，都可以拼接出不同花样点缀创意空间。

■ 建材与验收标准

1. 数量要确认，以免无法退货

厂商有出厂不退货的要求，选购前要特别注意数量。

2. 有掉片情况要换货

材料送来时要注意掉片情况是否严重，若有表示材料已经受潮或者老旧，贴附时会产生难以校正的情况，耗费工时，要马上换货。

■ 监工与验收注意事项

1. 适用硬底工法

工法要慎选，一般来说使用硬底工法的比较多。

2. 清点数量，防止浪费材料

马赛克到货时应清点好数量，以防施工单位随意浪费材料。

3. 尽量避免裁切情况发生

施工时注意图面的放样尺寸，避免裁切的情况发生，因为现场裁切会有困难并耗费工时。

4. 施工应注意放线处理

施工时注意放线处理，否则会影响外观与整个图面造型，如图样式的马赛克墙面。

5. 检查瓷砖表面是否高低不平

施压受力不同时，瓷砖表面会有高低不平的情况发生，施工时要注意。

6. 多色整合时应对图施工

如果属于多色整合的马赛克，最好参考图片，确定样式、位置高低与比例无误。

7. 应做好勾缝填充及防水

浴室使用马赛克，壁面要做好防水，勾缝如没有做好，渗水到内材与墙面，会产生壁癌面。

四、石英砖与瓷砖

石英砖与瓷砖属于不透心砖，表面为瓷质施釉类较多，表面经过印刷、上色、施釉等处理，一般分为滚轮式印刷瓷砖及网版式印刷瓷砖。多运用在地面及壁面。

1. 滚轮式印刷瓷砖

指的是利用印刷原理，将图样转印在瓷砖表面，有对花式与不对花式两种，呈现出自然纹路与花样。

2. 网版式印刷瓷砖

指表面可以看到明显的细网状，一般属于平价瓷砖，也可以用于二次下料再窑烧，经玻璃、银粉、铜粉等处理做出立体纹路，比如腰带与花砖。这类瓷砖多用在地面及壁面，目前设计方式多样，可结合不同设计巧思展现个人风格空间。

建材与验收标准

1. 检查印刷纹路是否一致

注意印刷纹路是否一致、有无色差，而且因品质及尺寸不同，造成价差不一，可多方比较。

2. 地材不可当壁材使用

地壁材要确认分明，不要在不同空间混合交叉使用。使用前要注意材质说明，使用在壁面的瓷砖较轻，用在地面的则比较扎实。就价钱而言，地砖贵于壁砖，质地较扎实。

3. 眼见为实，不可凭目录选购

施釉的程度不同，光泽会有所差异，要实地观察，勿依靠目录选购。

4. 验货时做滴水渗透检验

验货时，应整片敲击，刮看表面，用手感受实际重量是否扎实，滴水检验渗透性，看是否会过度渗水。

5. 若有色差应退货

开箱验货时，要注意是否有明显的色差，以免色泽不一致。若有需及时退换货。

6. 开箱验货时注意尺寸差距勿大

烧结过程中会因为收缩造成尺寸上的变化，所以在收料验货时，要确定所有的尺寸不要有过大的差距。

7. 点货时数量要对

使用时，不管是以平方米计，还是以片数计，要注意其数量是否正确，以及耗损的部分是否预估到，尤其有些瓷砖可退，有些不可退，在采购时要注意可否退货，以免造成浪费。

8. 就材料与厂商确定适当的工法，然后再订货

选择前先与厂商、设计师、工组确定适当的工法，如干式、湿式、硬底、软底工法等。

9. 请厂商提供除铁证明及保修

如为进口瓷砖要注意厂商是否提供产地出处，制作过程是否经过除铁处理，若无除铁处理易产生釉裂或者斑点。厂商也要选择有信誉的，即使为特价品也要提供保修。

监工与验收注意事项

1. 做满缝时应选择修边瓷砖

使用时要注意瓷砖有修边砖与不修边砖之分，如需做满缝或细缝，要选择有修边处理的瓷砖较佳。

2. 确认收边及工法

要确认收边方式与工法，收边有阳角、凸角之分，还有材质之分，如 PVC、倒角、瓷砖、石材等。

3. 检查图样是否与设计图相同

仔细讨论图面说明，使用前要先确定好，比如要直贴、横贴，腰线与花砖的高低位置以及贴附的方式等，以避免贴完之后还要拆除。

五、石材

石材种类多样，如大理石、花岗石、洞石等，颜色花纹依原石生成而定，变化多，同时价格的高低差距也大，原则上是物以稀为贵。首先确定预算成本，依个人喜欢的颜色与花样，在成本范围之内来做选择。

■ 建材与验收标准

1. 确认预算再考虑材质及花色

建议最好先确认预算，再考虑花色，避免挑选之后才发现预算不足的情况。

2. 找可靠供应商采购，以免受骗

如为大面积地面，要找诚信可靠的加工厂商或供应商，避免受骗。

3. 选石材要眼见为实

挑选石材最好眼见为实，建议还是亲自走一趟，到工厂内挑选材料较为保险，否则只凭目录或样品挑选石材，很有可能送来的实品与选择的或想象的有出入，退货时会非常麻烦。

4. 最好使用同一块石材

如果地板与墙壁采用全铺式，色泽与纹路上尽量要一致，在考虑美观的前提下，来自于同一块原石的效果最佳。

5. 确认图样与货源花色、大小相同

如有图样设计，可与设计师或厂商多次讨论，以确认图样在空间中实际呈现的位置，以免有所偏移或不对称等。到货时一定要亲自察看花色、大小是否与设计师讨论的相同。

6. 确认加工时间及付款流程

确认加工时间以及付款的流程，并确认施工品质等问题的责任归属，以免事后发生纠纷。

7. 避免选到有蛀洞的石材

选择时要注意表面是否有过大的晶洞或蛀洞，要尽量避免选到此种石材。

8. 确认估价是否含其他加工成本

石材估价时，注意有无其他加工比如收边、倒角、挖孔以及加厚等成本。

9. 原石剖片要编号施工

原石剖片背后都会有编号，严禁抽片，否则会造成纹路无法连接的情况。

■ 监工与验收注意事项

1. 搬运石材要小心

搬运石材到现场的过程要小心谨慎，不能有任何破损，否则即使事后修补，都难以达到与原有花纹一致的效果。

2. 考虑桌脚与壁面的承受力

如果要制作大面积的餐桌或者柜面，使用时要考虑桌脚与壁面的承受力是否足够。

3. 打板前配件预留位置需确定

以在浴室选用石材台面为例，打板前相关卫浴配件，如脸盆、水龙头、开关插座等，事先要做好规划与确认，以便确认配件孔径、位置、距离，以及倒角水磨的加工面，如果事后再修改将会增加成本。

4. 加厚要用同一块石材并注意高度

如果要做加厚处理，记住一定要使用同一块石材，才能使纹路具有一致性，另外，在加厚时要注意是否和门板高度相符。

5. 石材结合要做防水收缝

在加厚处理以及两片石材结合时，片与片之间的平整度要特别注意，同时也要记得做具有防水性的收缝处理。

6. 脸盆台面支撑力要够

确保下嵌式脸盆台面的支撑力足够，同时倒角水磨与防水的工作也要做好。

7. 施工后要做好保护

施工完毕之后，石材要做一定程度的保护，3 ~ 5 天内严禁在上面放置重物、踩踏或者使用酸碱溶剂，以免造成损伤变形。

8. 门槛处要做好防水

在门槛处要预先做好防水处理与贴合，避免水从缝里渗出。

9. 壁面大理石工法要注意支撑力

放置壁面大理石时要注意自载重问题，需要先确认挂载的工法是否足够支撑。

10. 填缝时要注意防水

填缝时要注意地板与壁面的防水性是否足够，打硅胶要注意贴条以及美观与否。

装饰泥作监工总汇
瓷砖监工7大须知

1. 瓷砖到货，拆箱后立放	严禁堆放于公共通道，拆箱后严禁平放，以免刮伤釉面，如需做记号避免使用油性笔
2. 确认施工图与现场尺寸	瓷砖图及现场尺寸做最后确认，若有误差尽快修正
3.仔细检查墙壁，打底平整	确定所有墙壁打底粉刷面的垂直与直角，否则将出现大小片或贴斜的情况
4. 地壁面放线要准确	地壁面放线一定要精准，贴砖时,. 要让地面与壁垂直
5.比对检查瓷砖，避免翘曲	面线对称，防止瓷砖贴完后高低不一
6. 再三确认贴着材的比例	铺贴瓷砖要慎选没有翘曲的瓷砖，可拿两块砖贴合在一起查看
7. 切割角面勿暴露于阳角的比例	以面对面的方式检查材料有无翘曲的情况

石材监工 10 大须知

1. 要亲眼验收石材	务必确定纹路、厚度与质感
2. 注意对花结合点	大理石、晶石类等具有纹路的产品，须格外注意纹路
3. 小心搬运防断裂	大理石、晶石、化石等材质属于水成型的材质，一般石材背面贴附纤维网防止搬运时断裂
4. 要做好封孔防护	没有防护则容易出现表面渗透性的脏污，事后不易清洁
5. 岩烧前确定面积	花岗石可用乙炔做烧面处理，大理石与晶石类不适合
6. 壁面确认结合力	采用贴着式或五金施工，在壁面施工时，要注意结合力是否结实，以防脱落
7. 预留缝做好防水	外墙要预留适当的伸缩缝并做好防水填充
8. 削片要避免过薄	灯墙石材多半做削片处理，若过薄容易因碰触、撞击而造成爆裂
9. 石材完工先防护	石材完工后，先做好表面保护措施，以防木工或泥作工程对表面与沟缝造成污损
10. 须做好防水处理	注意沟缝是否产生渗水的情况，预防石材剥离

瓷砖工程验收清单

检验项目	勘验结果	解决方法	验收通过
1. 确认所有墙壁打底粉刷面是否水平与垂直，避免出现大小片或倾斜			
2. 瓷砖图与现场尺寸是否做好最后确认，避免比例切割错误			
3. 确认贴着材比例是否正确，有无剥落情况，考虑尺寸及使用年限、气候环境等			
4. 地壁面放线是否精准，使贴砖后地壁面的线对称，可防止贴砖前后高低不同			
5. 进货时是否送进工地以免造成公共通道堵塞或遗失毁损			
6. 拆箱后有无立放，避免刮伤釉面			
7. 铺贴时有无慎选无翘曲的瓷砖，可拿两片面对面比对			
8. 切割面是否暴露于外角，避免釉面造成人员割伤			
9. 地面排水孔或开关处，需使用完整无拼凑的瓷砖，兼顾美观也较安全			
10. 勾缝、抹缝在贴砖后的隔天进行，使勾缝材质与墙面紧密结合			
11. 注意 PVC 角条、收边条、瓷砖厚度，避免高低差的触感			
12. 注意角条颜色和瓷砖颜色是否相融合			
13. 任何开口做压条收边时，边框是否以 45 度切角为准，不得有过度离缝、搭接或破损			
14. 确认地面瓷砖与排水坡度的关系，避免积水发生			
15. 同一空间地面以不同材质混用时有无先做施工计划			
16. 贴砖前检查衔接工程是否就位（水电、配管等）			
17. 贴砖前有无做好防水处理			
18. 做记号时避免使用油性笔以免污损材质			

注：验收时可在结果栏记录，若不符合标准，应由业主、设计师、工组共同商定出解决方法。

贴壁砖 检验项目	勘验结果	解决方法	验收通过
1. 贴砖前有无先确定天花板高度以放置排风扇和抽油烟机			
2. 地壁面放线瓷砖是否同尺寸对线			
3. 贴着材是否均匀抹在墙壁与瓷砖上			
4. 确认贴砖方向是否由中间线与水平线处开始，避免因每位工人贴砖习惯的不同而有所不同			
5. 贴砖是否注意其水平、直角			
6. 确认贴砖时是否均匀压贴，片与片之间须平整			
7. 收边条处是否注意瓷砖与收边条的高低点及平整度			
8. 贴砖后有无做最后确认（含色泽平整、花纹方向）			
9. 抹缝是否于贴砖后隔天进行			
10. 抹缝剂可自行选购，是否依标示比例调配，注意厚度均匀，调色要用无机质染剂			
11. 记得把瓷砖表面的水泥擦拭掉			

外墙瓷砖 检验项目	勘验结果	解决方法	验收通过
1. 搭设脚手架是否使用防尘网，避免灰尘四处飞散			
2. 搭设脚手架是否避免触电事故，避免人车撞击			
3. 搭设脚手架后有无做适当警示			
4. 是否按照施工图及施工规范铺贴			

5. 施工前确认防水是否完成			
6. 施工前有无把泥渣做适当清除			
7. 施工时须依相关规定做好安全措施			
8. 窗框边的收边转角是否依施工图收尾			
9. 勾缝前是否先确定颜色再施工			
10. 沟缝间的距离、形状有无依照施工图面施工			

注：验收时可在结果栏记录，若不符合标准，应由业主、设计师、工组共同商定出解决方法。

贴地砖—干式软底 检验项目	勘验结果	解决方法	验收通过
1. 水泥砂是否切实混合均匀并干拌两次以上			
2. 有无量测地面水平与高度			
3. 有无使用地面灰饼测出片与片间的水平			
4. 是否以适当水泥砂量放至地面并刮平			
5. 有无洒上白水泥浆			
6. 是否试铺瓷砖并确认背面有无接面再做适当的水泥填补			
7. 有无调整砖缝并均匀压贴			
8. 瓷砖表面的泥沙或污渍是否清除干净			
9. 完工后是否放置重物及踩踏			

注：验收时可在结果栏记录，若不符合标准，应由业主、设计师、工组共同商定出解决方法。

贴地砖—湿式软底检验项目	勘验结果	解决方法	验收通过
1. 地面杂质是否切实清除（如垃圾等）			
2. 确认有配管之处是否完成			
3. 管线下面有无做好防水工作，避免局部疏忽造成漏水			
4. 是否多做一层水泥浆地以增加贴着力			
5. 排水孔是否先做塞孔避免水管阻塞			
6. 有无注意排水坡度（可看表面水的流向，再做调整）			
7. 水泥砂浆是否均匀铺设于地面			
8. 施工前有无多洒一层水泥粉避免水泥浆久置而水化，禁止出现水化时贴砖			
9. 确认地砖片与片间是否为同一高度			
10. 瓷砖表面的泥沙或污渍是否清除干净			
11. 贴砖后隔天是否再依需要的颜色做抹缝处理			
12. 水灰比例确认是否正确			
13. 完工后是否放置重物以及踩踏，48 小时内不宜放置重物			

注：验收时可在结果栏记录，若不符合标准，应由业主、设计师、工组共同商定出解决方法。

石材工程验收清单

检验项目	勘验结果	解决方法	验收通过
1. 原石剖片是否有编号，严禁抽片，以免纹路无法连接			
2. 石材有无破损现象			
3. 打板的石材要先确认卫浴配件孔径、位置、距离等是否相符			
4. 打板的石材倒角水磨加工是否正确			
5. 加厚处理的纹路是否一致			
6. 加厚处理的石材与门板高度是否相符，避免碰撞			
7. 石材结合的片与片之间是否平整			
8. 石材结合是否进行了防水性收缝处理			
9. 下嵌式脸盆与台面有无支撑力固定			
10. 下嵌式脸盆台面有无倒角水磨与防水处理			
11. 施工后的石材表面有无做保护处理			
12. 门槛有无预先做防水处理，避免渗水			
13. 壁面大理石有无固定与载重加强支撑，确认挂载工法能否支撑			
14. 地板与壁面填缝的防水性是否足够，打硅胶需注意贴条与美观			

注：验收时可在结果栏记录，若不符合标准，应由业主、设计师、工组共同商定出解决方法。

施工前　拆除　泥作　**水**　电　空调　厨房　卫浴　木作　油漆　金属　装饰

▲

Chapter 04

水工程

排水、污水、雨水三重系统要分开，才能喝得安心、排得干净，家中无异味！

在水工程的部分，一般水管工程分为排水、污水、雨水这三大类，但这三大类系统严禁互相混合，以免会产生严重的问题。一般居家大多注重排水及污水系统，因此从管类进驻开始，便要注意施工者是否用对管子的种类，以及在管线及安装上是否处理妥当，避免水管安装不当或老旧可能会引发的问题。

项目	必做项目	注意事项
进水系统	1. 由专业水暖工建议进水管径与水塔容量； 2. 购买二十年以上屋龄的二手房，建议先查看屋子的进水系统	1. 管类要视用途选择材质，并检验合格； 2. 水塔要定时清洁并检查
排水系统	1. 排水系统在施工前一定要有计划图； 2. 先算用水面积与出水量，再计算排水量	1. 污水混到杂水，会产生异味； 2. 若为小型建筑物，检查共用型污水箱，检测其透气管是否有堵塞情况，老房子尤其要注意

水工程，常见纠纷

（1）才装修完半年，墙上却出现水渍，找设计师来看说要敲墙才能找出原因，才花完一笔钱装修，又要花一笔钱修！（如何避免，见 088 页）

（2）家住旧公寓高峰时间水常被“拉走”，装了加压电机启动却造成水管爆裂，家里反而被淹。（如何避免，见 091 页）

（3）楼下邻居反映有漏水情况，工组拍胸脯保证施工品质，查下去才发现是接点出现裂缝！（如何避免，见 094 页）

（4）花了很多钱盖了豪华浴室，却买了一个易堵塞的马桶，怎么办？（如何避免，见 098 页）

（5）厕所加大后马桶移位，污水管有 6 米长，坡度又不太够，排泄物卡在落水口的位置，极不顺畅！（如何避免，见 101 页）

Part 1

进水系统

黄金准则：设计前要仔细分析居住者使用的习惯与功能，再增减进水设备。

早知道，免后悔

没事多喝水，但多喝水真的没事吗？无论买新房子还是二手房，试问有多少人要求过看房子的进水系统？有多少人知道自己每天在家里喝的水是储藏在什么样的水塔里？里面有没有老鼠、蟑螂，甚至水蛇？！水工程与其他装修工程不同，墙壁的油漆随时可以换，但水工程属于埋入工程，无论进水或排水，只要一个过程疏忽，就可能要敲掉墙壁找原因，费力又伤财。

一般室内装修设计师很少在水、电方面深入研究，但水电都是置入型、埋入型工程，一旦施工不当，造成漏电、漏水就会影响生活，所以装修时要特别留意，无论老房还是新房，业主最好对材料、工法有基本的认识，发现错误才能及时补救。

埋入型的水工程如果没有做好，问题会慢慢产生，例如渗水，要过一段时间才会被发现。一般来说，埋在墙壁或地面下的水管不容易破损，通常都是因为水管的接点没有处理好，时间长了慢慢产生漏水现象。

住宅的水循环系统材料

1 水管

要监工之前一定要先搞懂水工程的基本材料，材料的好坏，直接关系到使用期的长短。

▶▶

2 接头

PVC、PVC 加金属

不锈钢

铁制

铜制

▶▶

3 龙头

壁面

台面

▶▶

老师建议

设计师没有资格建议水管管径及水塔的大小，要由专业合格的水暖工建议。

水工程基本材料

1. 水管、接头

一般分为 PVC 管、PPR 管、不锈钢管、钢管（又称镀亚管），记得看一下说明，例如公司、生产日期、材料成分，以及 A、B、S、W、E 等各类管线代号。

水管种类	特性	用途
A 管	薄管	给、排水，营建土木化工电气，农渔牧井管等配管用
B 管	厚管	
S 管	落水管	
W 管	自来水用管	
E 管	导电线用管	电气等配管使用

2. 龙头

有金属、陶瓷等材质，外形多变化。

3. 电机

主要分为加压电机、扬水电机和抽水电机。

4. 水塔

分为不锈钢、塑胶、水泥、FRP 等材质，依容量分大小。

5. 热水器

有燃气、热泵、电热、太阳能等多种。

4 电机

抽水电机
扬水电机
加压电机

▶▶

5 水系统的感应器

浮球
电子感应杆
定时机器式设备

▶▶

6 水塔

不锈钢
FRP
水泥

▶▶

7 生活用件

热水器有：
太阳能
储水热水器
燃气系统、热泵
电热等

水管要注意材质与用途

就水管而言，一般有 PVC 管、不锈钢管、钢管（又称镀亚管）之分，PVC 管多用在有电源供应的供应区，如浴室、厨房等空间，少数用于修饰的明管，或经常使用于冷水进出的进、排水系统；不锈钢管大部分用于具有大楼式的高压管，或具一定热度的进水系统，若预算足够，建议使用不锈钢管，可以减少一些后续的维修问题；至于钢管，其具有耐高温高压的特性，可供热水传输的进水、排水系统，但若未做好防锈处理，接头处容易生锈，寿命较短。

装抽水电机先看公共用水管

有些人没电没关系，最怕的是停水，而有些人希望水量大些，冲澡时感觉比较爽快，这样的情形下，通常希望加装加压电机，增加水量。不过，适不适合抽水，还是要看最初的用水管子卫不卫生？会不会抽到污水等。社区里的水主要经由公共设施管线输送，早期建筑商埋在地底的公共用水管很少使用钢管，多半使用 PVC 管，久了会坏，马路上若有很多窟窿，下雨天水就会四处流，路上各种脏水渗进水管里，再被居民们连接的水管引到家里使用，卫生与安全问题都无法保障。所以，一般老旧社区如需装抽水电机前，先了解公共用水的管子是否更新？若已经更新的话装抽水电机就没问题，若没有，则不装电机，在不影响结构的前提下，加装一个水塔比较干净。

过板倒吊式排水管配置

知识加油站

顶楼加装水塔，要考虑以下几点

（1）水塔是否为原始结构体的水塔？有的是新增不锈钢，会不会有承载过重问题；
（2）加装的水塔避免与地面直接接触，也不能妨碍顶楼住户的居家安全；
（3）从水塔连接的管子最好使用明管；
（4）建议安装室内控制阀，控制点装在方便的地方，不必每次都要跑顶楼

水塔要定时清洁并检查

另一个要注意的是储水塔，一般有两个水塔，一个在地下储水用，一个是在顶楼的压力式水塔，输水到各住户。储水塔有的埋在地底下，可能几十年都不会有人去清理，如果水塔破损，各种污水往里面渗，就会出现异味。至于水管偶尔会出现红、黑色水或杂质，有可能是因为旧管线生锈，也是漏水前的征兆，如果水的颜色是黑色且带有杂质，可能是水塔脏污，或是外面的自来水管破裂，使得抽水电机在抽水时从裂缝抽到污水（化粪池或是排水沟裂缝渗出的水居多），此时要尽快派专人检查并改善系统。

以每人每天用水约 360 升来计算，传统 5 楼公寓以 10 户人家 20 ~ 26 人计的话，每日用水量在 7 ~ 10 吨之间，看顶楼水塔容积够不够用。若是 5 吨的水塔，那么一天要抽水 2 次，水塔会加装控制阀，分为电子式及浮球式，都要定期检查。将地下储水塔的水抽到顶楼，一般使用扬水电机，也可用抽水电机替代，但是损耗率很高，5 吨的水抽到顶楼估计花 10 分钟，若住户里有用水量超大者，一天抽个好几次水，电机寿命也会相对缩短。

安装加压电机当心水管爆裂

现代 3 室 2 厅的住宅一般有 10 ~ 13 支水龙头，一栋楼若有 20 户，同时用水时就可能发生水被「拉」走的情况，用水高峰期间水量会锐减。若想维持较大水量，在允许的情况下可以装设加压电机，但加装电机之前

老师私房小贴士

购买二十年以上房龄的二手房，建议先查看屋子的进水系统

（1）先查公共工程管线有无更新：可向物业要求看资料，或到自来水公司查询。

（2）了解储水系统的位置、材质、使用时间：有的埋在地下室，有的放在前后阳台，尤其是泥质的储水塔，年久失修，打开后可能会发现各种动物。

（3）探查顶楼水塔：是否为原始结构体的水塔？有的是新增不锈钢，与顶楼住户有无关系？避免水塔与地面直接接触。

（4）水塔连接到住宅的水管是明管还是暗管？水表与水管之间的管子是否老旧？是否需要更新？有没有室内控制阀

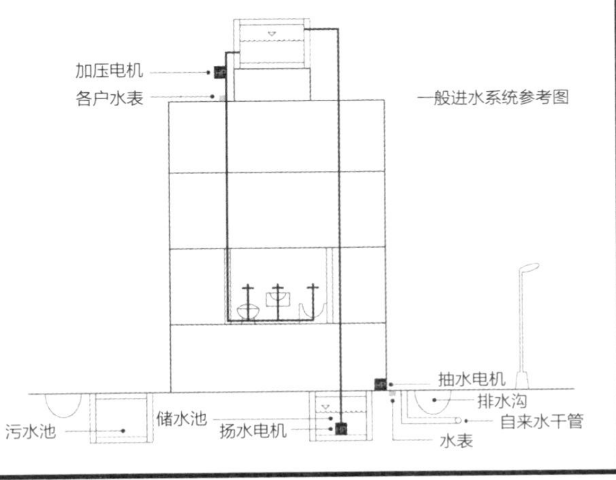

也需考虑管子口径大小，一般从水塔进入住宅使用口径为 3 ~ 3.8 厘米的管子，而家用则仅仅是 6 分管（内径约 19 毫米），不同口径大小的水管要接合好，万一加压电机启动却造成水管爆裂，家里就要淹水了。

关于水系统的评估，没有相关证照的室内设计师是没有资格建议管径、水塔大小的，这方面必须由专业的水暖人员建议。正确的评估当然是依使用水的人员数量及习惯来计算，但由于现代设备越来越多，用水量视设备而定，所以在设计前都要考虑。例如浴室的设计，可能有蒸气室、水疗池、按摩浴缸等，在合法的前提下，由设计师绘制新增设备，除了把进水系统及空间等一一标示清楚外，各个设备的特色也要详细陈列、分析，像水疗水压力与淋浴的水压力大不同，都要说明，然后交由专业水暖工逐项检查每个水管管径的大小。不然若是设计一个 250 升的大浴缸，但热水流量每分钟只有数升，等浴缸水满，热水都变冷水了。

有些人希望热水管越大越好，这样合理吗？

其实热水管的大小与热水器有关，主要看热水器可以配多大口径的管子，水龙头也要搭配，才能让热水量增大，只加大热水管口径是没用的。

★商业空间与住宅简易备用水系统

如果用水量大或是停水，其实只要多花一些钱，在允许的情况下，就能在家里做一套备用水系统。

1 吨容量的水塔 + 加压电机 + 独立水龙头 + 水管 + 切换开关 = 备用水系统；

水塔要放置在结构安全的地方，如果阳台没有改建，放在阳台是可以的；

停水→先将开关切换至自家用水→水管接上独立水龙头→开启加压电机→送水

必知！建材监工验收要点

因空间需求以及功能不同，可选择不同的管类，必须与专业人士如设计师讨论沟通后才可安装。所以在设计前要做好图面的处理， 并做好施工计划，避免事后修改。同时从外观或功能等选择与辨别管子，另外，管子的厚薄与管径也要了解，避免进错货或用错管线。施工人员应有资格证，管子应通过相关单位的认证与检验，并附上检验的资料与合格标示。

■ 建材与工法施工原则

PVC 管

在有电源供应的供应区，如浴室、厨房等空间都可用到，少数用于修饰的明管，或常使用 于冷水进出的进、排水系统。

（1）PVC 管严禁用在热水传输管。

（2）进出水接头有 PVC 头和金属头，结合时要注意止水带要固定好。

（3）芽接式接合时，要避免过度施力，以免造成爆管的情形。

（4）出水接头部分，建议使用内有金属型的接头，可以避免爆管发生。

（5）由于管类有一定的受压力，如楼层过高、水压过大，尽量避免使用 PVC 管。

不锈钢管

大部分用于具有大楼式的高压管或一定热度的进水系统。若预算足够，建议使用不锈钢管，可减少很多后续维修问题。

（1）不锈钢管最好使用车芽式（管与管之间锁合），但避免过度车芽，以免造成管壁过薄或破损，结合时会产生问题。

（2）车芽式的接头部分，止水带要确实缠绕，以达到止水效果。

（3）管与管接头的部分，要同材质并经过检验，严禁使用铁制品，以免日后生锈、漏水。

（4）管子与墙壁或地面的固定要结实，减少地震时的晃动，或水流经过时的晃动，否则会造成水管接头处的松动与杂声。

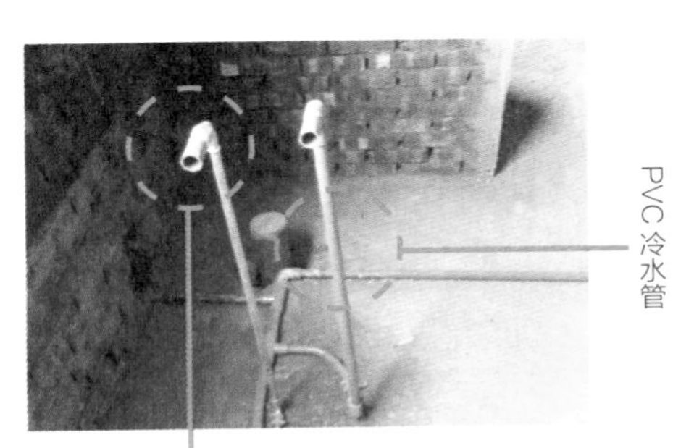

PVC 冷水管

不锈钢热水管

埋入式配管加固定

（5）热水管的管子外部有保温材料会比较好，但要注意不论用于室内外都要考虑耐热度。

（6）压接式管要注意弯头部分的压接处理，避免草率了事的情形产生。

钢管

一般称为镀亚管，耐高温高压，并可供热水传输的进水、排水系统，若未做好防锈处理，接头处易生锈，寿命较短。

（1）铁制管一定要做好防锈处理，由于管内与管接头处容易产生铁锈，造成漏水与渗水，因此较少使用。

（2）管子通常经镀锌处理，做好防锈处理。

（3）管接头位置，避免出现施力过度，造成芽崩以及裂痕等情况。

（4）如使用于燃气管，一律做明管并做好管接头的检测。

（5）管子与墙壁、地面的结合要做好固定，如使用于受潮空间要注意做好防水处理，以免表面生锈。

（6）如采用热水明管工法时，表面要做防护，避免人员被烫伤。

进水系统监工总汇
进水管路监工 10 大须知

1. 要选用同类型管或专用的接头，例如 A 管用 B 管的接头，容易产生漏水现象
2. 管子与接头的黏着剂要涂固并压贴密实
3. 如管线有做转角，最好用转角接头比如 T 形管、L 形管等管头
4. 接头如需弯烤，避免过热使管类出现焦黑、碳化等情况，降低管子本身的抗压系数
5. 施工中避免杂质渗入管内，配管完成后要做封口处理
6. 尽量避免管与管之间不同材质的混接，比如不锈钢管接 PVC 管，两种抗压力系数不同，易产生爆管的情形
7. 配管完成之后要做水压测试，并做好管接头的检查与记录
8. 如果是明管式，要做管座或水泥固定，否则水管会产生振动与噪声，电管易发生脱线
9. 地震或是火灾过后，记得要做管线检测
10. 如属于埋入型工法，不论埋入天花板、地面或壁面，都要做好水压测试

★ 净水系统

有些人的皮肤会对自来水中的氯产生过敏，因此花费一大笔钱购买银离子净水系统装在水塔出水端，心想：这样水就会很干净。但是，有些水龙头是每天都会用到，有些可能不常用，那些留在很少用的水管里的水因为被银离子去除了氯，反而变得有毒。

其实装设独立净水系统，不建议装在水塔出水端，因为类似马桶的水不需要用到净水系统，所以在设计前先确定好是要全室净水系统还是重点式净水系统，以免花冤枉钱。

进水工程清单

检验项目	勘验结果	解决方法	验收通过
1. 慎选抽水电机与系统			
2. 感应器的供电系统要做好配电与漏电系统的处理			
3. 感应系统是否灵敏，可避免无水时电机机器空转			
4. 水塔是否为独立型个体			
5. 水塔的检修孔需确保密闭，避免灰尘、杂物进入			
6. 水接头、止水垫片是否密合			
7. 底层如果有结构支撑如梁柱，要避免破坏到楼板结构			
8. 安装加压电机时要有防漏电装置，避免发生触电意外			
9. 加压电机施工时要确认管径以及压力数是否足够			
10. 加压电机在安装固定时要避免破坏防水结构层			
11. 加压电机要预留好位置与配线处理			
12. 加压电机是否加入消音垫片设计			

注：验收时于“勘验结果”栏记录，若未符合标准，应由业主、设计师、工组共同商定解决方法，修改后确认没问题，于“验收通过”栏注记。

Part 2

排水系统

黄金准则：污水、杂水、雨水系统的三种管子不能混用，安装排水管最忌太过集中

早知道，免后悔

一下大雨，不仅巷道水沟里的水溢了出来，还飘出粪味，令人作呕，这到底是怎么一回事呢？相信这种经历很多人都有，这不是怨天尤人的时候，有可能是排水系统施工不良，应赶快找专业水暖工处理才行。除了进水系统，水工程还有排水系统，处理杂水、污水、雨水等三类废水。发生水沟飘出粪味，最可能的原因就是当初施工时，这三类的水管混在一起了！

排水系统在施工前，最好先确定原始的排水系统位置图，对于新房子，建筑图上都有，而老房子可以去物业申请查看，或者在翻新时，拆除工程做到“见底”时，就可以看到最原始的排水孔位置。

排水又分地排与壁排，排水好不好与排水管尺寸、位置、坡度有极大的关系，通常是先算用水面积与出水量后，再计算排水量。例如洗衣机与浴缸排水的水压力不一样，所以配管时要考虑水压力的分布，若同一个地方有两根排水管，排水量要分散，也要评估水压力，否则水压力过大，造成回渗水，引发水灾。有时洗衣时，地面也会冒出水来，这是由于排水时会造成不同的水压，比地面高的称为高排水（如脸盆、浴缸），施工时要注意水管配置及预留长度，才不会造成回流现象。

之前提到，三大类废水的管子不能混搭，

1 就需求画出设计图

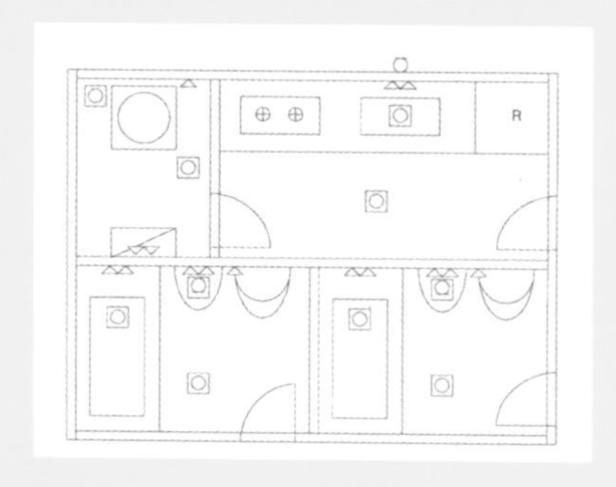

老师建议

水系统施工过程要精准拍照、录影，每个接点标示出十字坐标点，方便日后维修。

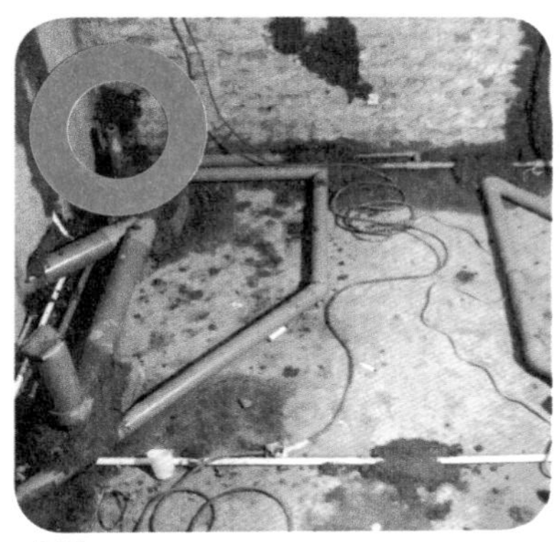
正确

错误

如果杂水混到雨水系统，那么水沟可能会出现各种泡泡，夹杂不同的味道，这种情形最容易发生在厕所、浴室或厨房外推至阳台的地方。若是杂水系统混到污水系统里，会使污水中生菌减少，而使地下室及污水排水孔出现异味，而污水混到杂水的话，臭味就飘出来了。

知识加油站

杂（废）水系统	日常洗涤所产生的洗碗洗菜水、洗澡水、洗衣机所排出的水等均为杂水，经过废水集中后直接排入政府公用的排水系统
污水系统	人所制造出的排泄物，会集中在化粪池以及污水沉积池中，经过一定的时间生菌分解后，进入政府公共排水系统
雨水系统	在顶楼或是阳台，雨天作为排水系统使用

2 算面积与出水量之后再算排水量

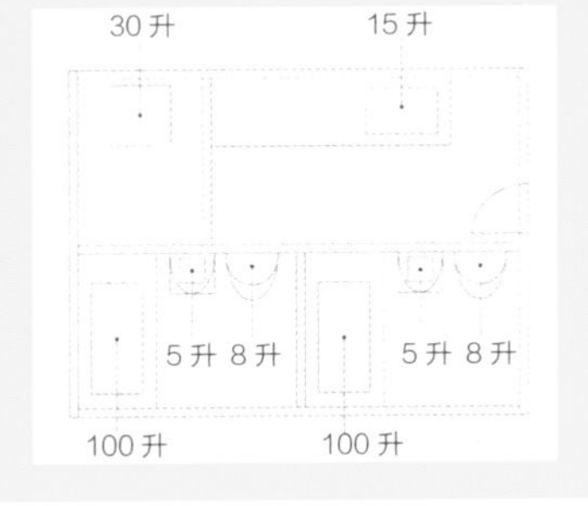

3 分析每个管子如何连接

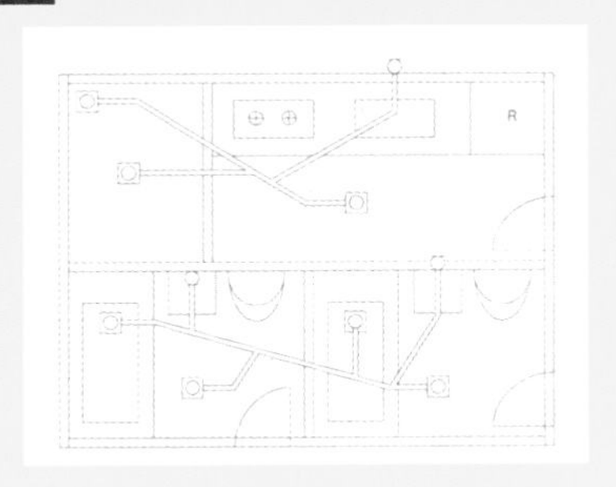

大部分老旧房子的厨房及厕所都经过改建，拆除工程完毕后会看到最原始的排水孔、排水管位，若是翻修时想将马桶移位、浴缸加大，一定要增加检修孔及强制排水系统。之前曾遇到过一个例子，厕所加大后马桶移位，污水管有６米，坡度又不太够，所以排泄物就卡在落水口的位置，很不顺畅！也遇到过公寓改造成套房，业主使用绞碎式马桶，结果与杂水系统混用管线，满屋子都是异味。因此，无论新增或移位，都要事先画图，再由专业人员进行评估施工。

排水系统所用的管线不外乎ＰＶＣ塑胶管、不锈钢管以及钢管，一般来说，ＰＶＣ管寿命为１５～２０年，钢管寿命为 10～15 年，视使用环境而定，最好在期限内进行更新。

排水系统在施工前一定要有计划图，因空间需求以及功能不同，埋设不同的管类，监工时，可以先看管子的外观，包括厚薄与管径，还要有经过合法单位认证与检验的标示，再由专业人员施工。虽然水系统的细节相当琐碎，但事前评估就可以免去事后的麻烦，设计师设计浴室如果没有事先分析管径大小，进水、排水出问题，花巨资打造的豪华浴室，可能会得到一个易堵塞的马桶，相信没人想当冤大头。

知识加油站　污水系统施工法则

1	了解整个污水计划	如材质与处理的流程及事后维修
2	施工人员应有专业技能	施工人员应具备专业知识才能施工
3	检查污水箱透气管	若为小型建筑物，检查共用型污水箱，检测其透气管是否有堵塞的情况，老房子尤其要注意
4	要做P形管U形管	这个部分一定要安装，以免事后产生臭味
5	要预留维修孔位置	尤其是浴室空间，方便日后进行维修工作

4 排水管不要太过集中。

5 排水管越大越好。

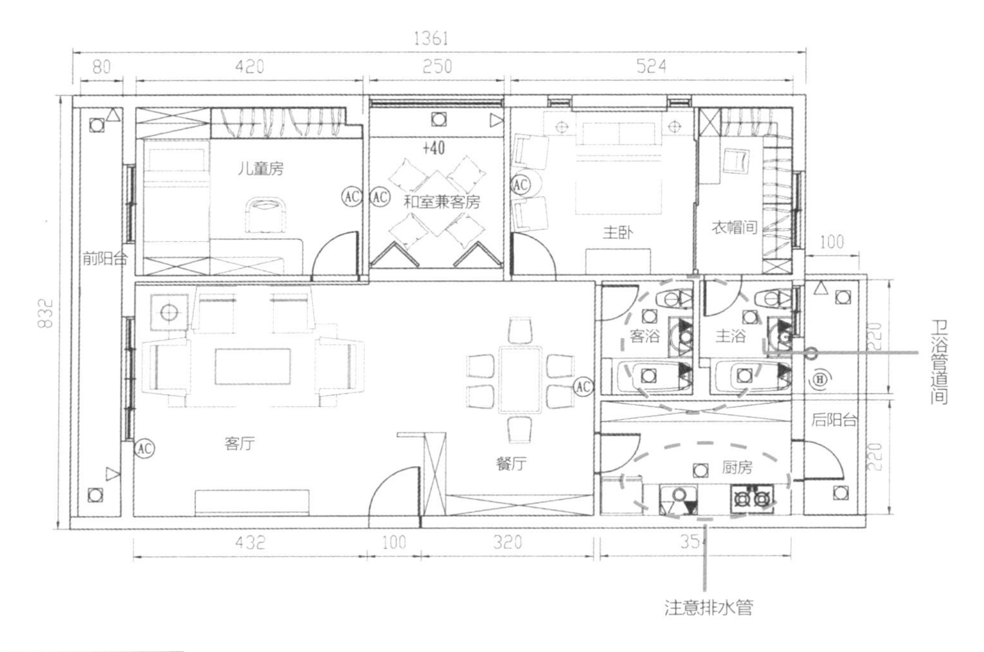

老师私房小贴士

做好以下两个步骤，水系统维修免烦恼啦

步骤 1：施工过程做精准拍照，每个接点都做标示。

步骤 2：除了拍照也要录影，外加文字说明。

水管不容易破，但接点是通过人工施工，比较易出状况，像是胶没涂好或是出现小裂缝，万一哪天楼下邻居突然跑来抱怨你家漏水，就可以当场把照片及影像找出来，循图找到漏水点，方便事后维修。

备注：一般而言，一个空间的地面有 5 ~ 8 个接点，墙面则是 4 ~ 6 个。

6 注意具有水压力的器具如浴缸、洗衣机、水槽。

必知！建材监工验收要点

居家污水如粪便尿液等排泄物，需通过专用的污水管排入化粪池，或排入公共的污水系统，做不同的分化处理。因此，设计师在规划时，或是施工前与施工人员讨论时，都应先了解现场的污水系统位置，以及公家单位的污水系统是否已经完成，以配合工地的污水安装计划。

■ 适用建材与验收标准

多用 PVC 管或钢管。

■ 建材与工法施工原则

1. 了解整个污水计划

监工者应充分了解厂商提供的污水计划，如选用哪些材质、污水处理的流程，以及是否预留事后的维修孔等。

2. 施工人员应具备证照

确认施工人员是否具备专业技能和相关知识。

3. 共用型污水箱检查透气管

如果工地属于小型建筑物，污水是否属于共用型污水箱，检测其透气管是否有堵塞等情况，尤其是老房子，一定要特别注意。

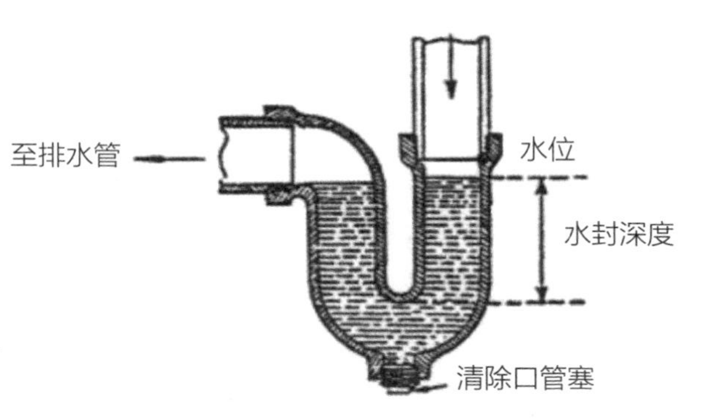

4. 避免臭味一定要做 P 形管及 U 形管

检查管线是否已做 P 形管及 U 形管处理，如果漏掉一定要安装，以免事后造成异味、臭味。若于公寓型住宅内装设，要与楼上楼下协调。

5. 预留维修孔

设计时要注意必须预留维修孔位置，尤其是浴室，方便日后进行维修。

■ 监工与验收重点

1. 检查排水孔位置

检查排水孔位置，是否有堵塞、脱落等情形。

2. 检测管线是否有老化的情况

一般污水管的寿命为 15 ~ 20 年，如允许，可检测管线是否有老化的情况发生。如有过度老化的情况，应尽快更新，如没有更换，通管时要小心施工，避免造成管路破损。

3. 物件与孔径要对准

安装马桶、浴缸、脸盆等物件，孔径要对准，避免发生溢漏的情况。

4. 管线迁移要加密闭型维修孔

管线如有迁移，或增加排污系统（如增设卫浴），要记得加密闭型的维修孔，以免产生异味。

5. 维修孔不可被其他器具堵塞

化粪池上缘通常会有维修孔，要检查是否被其他器具堵塞，严禁被废除或密封。

6. 避免和其他排水系统相结合

避免和其他排水系统相结合，以免减少系统使用寿命，产生异味。

7. 污水管的排水坡度要足够

如马桶有移位，要注意污水管的排水坡度是否足够，排水坡度若不足，容易造成堵塞的情况。

排水监工总汇 水管监工 10 大须知

1. 先确定管线运用方式，如进排水管、冷热水以及高低压水管，在工地现场要做确认
2. 使用同类型管或专用接头，避免混合替代使用，否则容易产生漏水现象
3. 管子与接头的黏着剂要涂固并压贴密实
4. 管线有做转角，最好用转角接头比如 T 形管、L 形管等管头
5. 接头如需弯烤，避免过热使管类焦黑、碳化，降低抗压系数
6. 施工中避免杂质掉入管内，配管完成后要做封口处理
7. 避免不同材质混接，比如不锈钢管接 PVC 管，因抗压力系数不同，易爆管
8. 明管要做管座或水泥固定，以免产生脱线的情况
9. 地震或是火灾过后，记得要做管线检测
10. 水管无论埋入天花板、地面还是壁面，都要做好水压测试

★ 简易消防

顶楼水塔底下通常有维修孔，请专业水暖从维修孔装设明管通至居民阳台，再配装合适口径的软管，平日可以卷起来以腾出更多空间，一旦厨房等地不小心着火，管子一接、水一开，水量大到可以射出五六米远，可以瞬间灭火，安全快捷，若物业有规定不允许则不可施工

排水工程验收清单

检验项目	勘验结果	解决方法	验收通过
1. 检查施工人员有无专业知识			
2. 污水、雨水、杂水三种排水系统要独立			
3. 确认 PVC 管是否用对，A 为电器管、B 为冷水进水管、E 为排水或配线用管			
4. PVC 管与管接合胶有无粘牢			
5. PVC 管弯烤时，有无烧焦			
6. PVC 管式与水龙头有无止水带			
7. 水管是否确实与墙面或地板固定，避免水管震动			
8. 金属管车芽式有无过车或车不足芽			
9. 压接式金属管有无压变形			
10. 与壁地面旧管接合时是否密实			
11. 明管式热水管要做保温防烫包覆，防止人员烫伤			
12. 排水管的排水坡度是否准确（应为几度）			
13. 检查排水头的防水收边			
14. 冷热水中心位置有无定位，浴缸与龙头是否偏位			
15. 冷热水预留间距是否适当，是否过大或过小			
16. 进水系统有无测水压防漏水点			
17. 水槽、浴缸加满后放水，测试排水是否顺畅或有回积			
18. 目视检测楼上排水管是否漏水			
19. 施工后确认接管位置与图上标示坐标是否相同，若发生漏水立即查修			

注：验收时于“勘验结果”栏记录，若未符合标准，应由业主、设计师、工组共同商定解决方法，修改后确认没问题，于“验收通过”栏注记。

施工前 拆除 泥作 水 **电** 空调 厨房 卫浴 木作 油漆 金属 装饰

▲

Chapter 05

电工程

关系民生问题和居家安全，更换、重配一定要找专业有证照的电工。

电的装配是门大学问，如何适当地分配开关插座、各空间的电源，配线时又有哪些应该要注意的事项，在本章节里面均有详细的解说。应避免电器与高电压产品共用插座，避免灯具与高电压或高功率的电器用品结合，比如电冰箱、洗衣机等，此类高功率电器在启动时会造成灯光闪烁，减少灯具寿命。另外内文中也将讲述关于配电的监工细节以及各种注意事项。

项目	必做项目	注意事项
家用电系统	1. 须有专业技能才能设计、施工； 2.30 年以上的老房子，管线一定要彻底更新	1. 以总开关箱界定，电表前的线路由电力公司负责，电表后的管线由住户自行负责； 2. 专用回路线路要使用电器上建议的线径，电线安装前要拍照记录，绝对不要有接线
弱电系统	1. 弱电设备装好后一定要多次测试，再让木工进场； 2. 各项工程是否按照相关图纸施工	1. 弱电配置视个人需求而定，规划前要详细列出； 2. 各种弱电系统可以互相搭配使用

电工程常见纠纷

（1）买了二手房，装修时要求全室更换电路线，结果入住后常跳闸，才发现根本没换！（如何避免，见 106 页）

（2）预算有限老屋翻新没有重新配电，结果有的房间才一个单插座，延长线牵来牵去难看又危险。（如何避免，见 107 页）

（3）拔插座出现火花，才发现插座面板有焦黑痕迹，是哪里出了问题？（如何避免，见 109 页）

（4）几年前请水电工人更新厨房的电路，最近新增灯具才发现没配管，抽换更新不但麻烦，还要再花一笔钱。（如何避免，见 107 页）

（5）在客厅装了结合灯具的吊扇，每次开启吊扇灯光就闪啊闪，一下子眼睛就疲劳了。（如何避免，见 113 页）

Part 1

家用电系统

黄金准则：换管线要详列用电清单，委托具有专业能力的人员承装。

早知道，免后悔

我们都知道电线大量走火比爆炸都要恐怖，更容易造成死伤！无论是夏天使用电扇还是冬天使用电暖炉，电线走火夺命夺财的新闻日日可见，事关居家安全，电工程又如同水工程一样属于埋入工程，只要稍一疏忽，轻则敲墙壁找原因，重则家毁人亡，各个注意事项都要千万留意，切忌省小钱反而造成大损失。

你知道家里的插座与线路有几年的历史了？你知道其实每面墙壁至少都应该有一个插座，而不是无限制地使用延长线吗？为什么请A做全室更换管线要近1万元，而B的报价只要一半？种种关于电的疑问常搞得消费者一头雾水，在这个精打细算的年代，找一个诚实有经验的电器承装者才能保障全家安全。

电可产生热源，电器化时代日益便利，各式电器用品大量成长，现代人如果少了电，几乎什么事都做不了；相对地，电工程从业人员专业知识也须在签合同前落实确认，否则千万不能找他们设计、施工电工程，以免发生严重后果。

一般电工程由于是埋入式工程，外面看不到里面的实际情况，最容易产生的纠纷在报价以及全室线路更新。早期的建筑物由于没有过多的电器用品，一个房间顶多配置两个插座，用到现在，几乎每个房间都必须使用延长线；另外，时间一长，埋在墙壁内

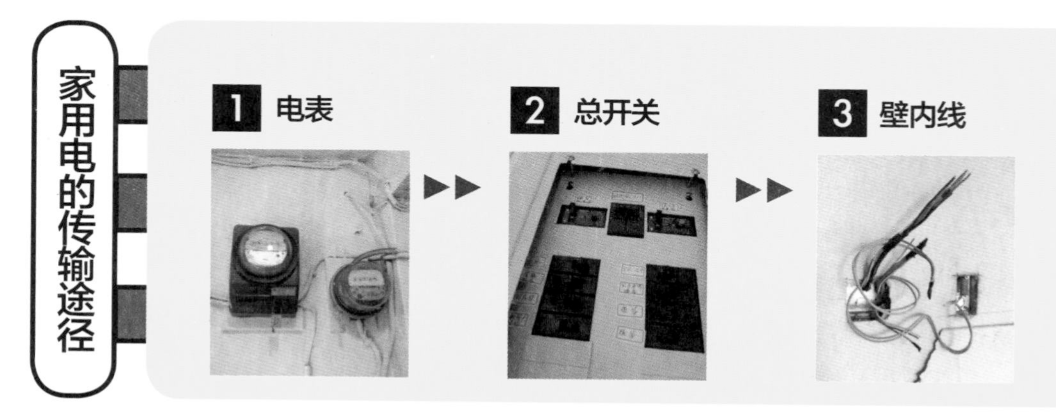

老师建议

管线使用寿命不超过 15 年，每面墙壁至少要有 1 个插座，出口至少双孔，才符合现代生活的用电量。

部的电线或许已有烧焦黑线产生，如果电力过载则会产生热量，融解漆包线，造成电线走火；还有，以前有些不良施工人员或公司设计师会用旧线，认为反正埋在墙壁里没人知道，以节省成本……强烈建议全室更换新管线。

注意！这样就要更换壁内线

（1）老房子可考虑抽换新的电线。

（2）每个房间只有两个插座。

（3）有特殊需求的空间，例如客厅、书房，电源使用量大可考虑局部加强配线，不仅配置多个插座，也要独立拉线，纵使是新房子也要做专线。

（4）老屋尤其是 30 年以上的老房子，管线一定要彻底更新，因早期的电线都没有经过检核，要抽出来看看是否有政府认证的标识。

有些消费者因是否要全室更新线路而伤透脑筋，其实所有的管线使用寿命应当不超过 15 年，每面墙壁至少要有一个插座，而且出口应该至少双孔，以此界定的话，超过 20 年以上的房子都必须要全室更新线路。

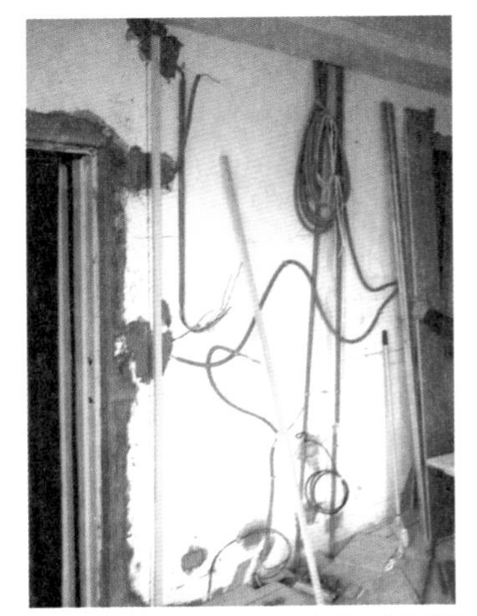

墙面木工动工前，要经过的电线、信号线等都要设置完成

4 电源端子座 ▶▶ **5 壁外线** ▶▶ **6 插座、开关**

电表，圆表和方表大不同

一般来说，建筑物用电分为三线三向与两线两向，也就是电压分为 330 / 220 / 110 伏，要更新管线，从电表开始就要考虑。

以总开关箱界定，电表前的线路由电力公司负责，电表后的管线由住户自行负责，电表到总开关之间的线路早期只有 8 平方线，但现在用电量大增，至少需改用 17 ~ 24 平方线。线径大小的评定依电表后使用电器的多寡决定，所以更换管线前，一定要先列出用电清单，再由设计师委托专业的从业人员做出合理判定。

值得注意的是，早期电表到总开关的电线保护暗管通常配得太小，若是老旧房子也建议另外配明管彻底更新，由于安装明管从楼下总开关箱拉线上楼，一定会经过邻居家，施工时千万要告知邻居，做好敦亲睦邻。

更新总开关可以预留 1 ~ 2 个备用电源，因为将来的电器用品只会增加而不会减少，也要留出口，一个在天花板、一个在墙壁，以方便维修。须注意总开关箱里接地配置是否落实，而配电箱里是否有详尽的线路表说明，记得字体要大，能有荧光字体更好。

计算总用电量做回路规划

总开关搞定后，要评估 PLUG（漏电系统或无熔丝开关）的安培数，这方面一定要由专业人员计算，所以装修前务必列出电器表，再由专业人员分析用电量。通常高功率输出的电器用品，一定要使用专用回路，例如空调、电热水器、电暖炉、电烤箱等，避免共用回路，否则容易跳电，但有些不良从业人员为了节省预算压低成本，就把 PLUG 加大，20 安培做到 30 安培，一个 PLUG 装两三个空调，虽然看似不会跳闸，实际上却容易造成接点到接点感应系统失灵，让电器用品烧毁，危险性大增。

知识加油站

PLUG（电源端子座）的种类

PLUG 分为漏电系统与无熔丝开关，无熔丝开关用于各种供电系统，若电力发生过载，具有可自行断电的保护装置，一般用于总开关箱内；漏电系统与水有关，通常加装在浴室、厨房或洗衣机附近。

漏电系统的反应灵敏度超越无熔丝开关，电力负荷过载，1/10 秒就会跳电，可以避免触电，但价格很贵，比无熔丝开关贵了两三倍

视安装地点选择出线盒材质

电表到总开关的电线加粗、壁内管加大后，从总 PLUG 拉到壁面管的管子，必须经过政府认定核准才有保障，出线盒要慎选材料，防潮型、不锈钢类的较好，配管过程尽量不要打凿，改以切割方式，墙壁较完整，因为无法得知墙壁是否有结构性破坏问题，大动作打凿时，容易造成墙壁出现裂缝，加大损坏范围；而改用切割法则可导引管子走向。

知识加油站

出线孔

又称为集线盒，各种开关及插座的出口， 通过面板等出口作为集中点， 要注意牢靠、固定、盖板密合等问题。配置出线盒时，可事先在墙面注名尺寸，并确认水平平整度

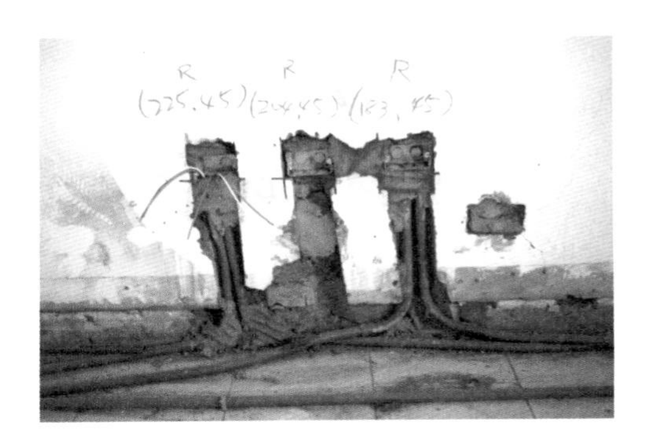

万一确认墙壁已有裂缝，管线更新就不适合采用埋入管工法，建议采取明管式工法，虽然可能增加壁面修饰预算，但最大的好处是结构不会因施工造成二次伤害。至于电线线径大小一般用 2.0，专用回路线路要使用电器上所建议的线径，而电线安装前最好拍照记录，绝对不要有接线。

壁外线也要配管固定

从出线孔出来后延伸出来的线就是壁外线，一般分成：

照明线路：包括壁灯、吊灯、柜内线等。

信号线：网络电话、智能型 HA 系统监视器等。

柜外的功能用线：例如电视隐藏形的线、电动升降机隐藏线、电动电机、电动窗等。

壁外线使用的管子一定要符合大电力系统设备的规范，包括 PVC 管、政府认定核准的坦克管、高压蛇管等，由于出线孔位置特殊，无论材质、固定方式、出孔位置等都要事先充分沟通，才可以避免事后更改。例如装有感应系统的电器，浴室里的多合一干燥机、蒸气室、马桶，以及厨房里的净水器、烤箱、电锅等，一定要注意安装的位置及操控的方便性，如果蒸汽机的控制面板装在室外，每次使用都要跑到浴室外，相当不便，这些都是在设置出孔时须留意的小细节。

配线注意线材保护与固定，泥制结构内要用 PVC 硬管，活动配线要套上软管并且做适当固定

此外，对于每个插座的高度与电器用品的配置都要深思熟虑。床头柜阅读灯的开关要装桌子上？桌上 10 厘米高还是 20 厘米高？高度没有绝对的规定，主要看使用者的习惯，这些都要经过讨论才能取得共识，而使用壁插或地插也要考虑，绘制电路工程计划图，在图面上做出精确标明，讨论后再施工就不会出错。

至于出线孔所使用的面板，单价为 4 ~ 300 元不等，价差太大，务必选用经过政府认定的产品，事前关于品牌、颜色、规格（单孔、双孔、三孔），都要经过确认选择；有时新房子装修，电工安装的与建筑商给的开关不同款，也会产生争执，在指定品牌与方便性上都必须谨慎。

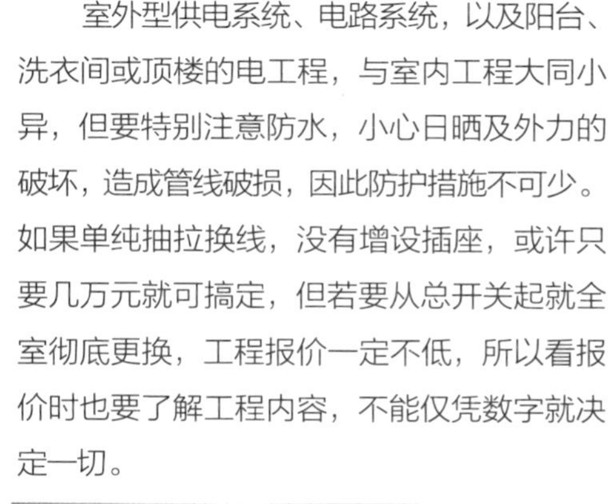

室外型供电系统、电路系统，以及阳台、洗衣间或顶楼的电工程，与室内工程大同小异，但要特别注意防水，小心日晒及外力的破坏，造成管线破损，因此防护措施不可少。如果单纯抽拉换线，没有增设插座，或许只要几万元就可搞定，但若要从总开关起就全室彻底更换，工程报价一定不低，所以看报价时也要了解工程内容，不能仅凭数字就决定一切。

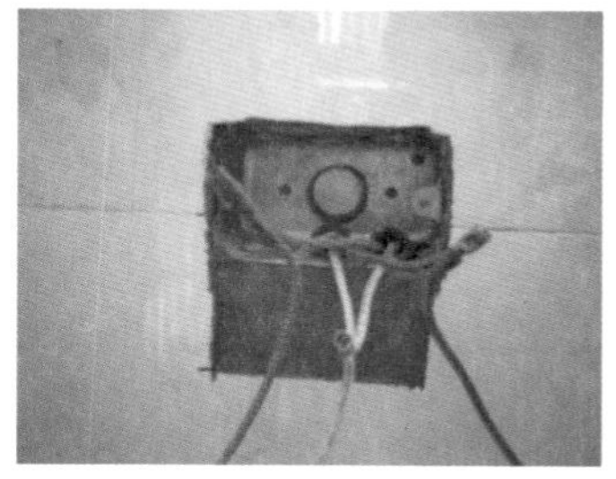

出线孔

出线孔面板种类

★ 居家不断电系统

电力几乎 24 小时都用得到，但偶尔因为不可抗力而断电，会造成生活不便。有些新的社区本身就有不断电系统，以维持电机与车库门的运作，若是居家需要不断电系统，其实花个 1.5 ~ 1.7 万元就能设置一个独立的发电机，但需注意机器不可以任意抽换线材，也勿额外接线，更不要任意变更使用电源及安装插座。自己装设发电机系统要有专属配线，也要有切换开关，停电时转换开关，使电力不能与总电相接，才能供自己使用

必知！建材监工验收要点

在室内电工程项目中，照明对室内空间的氛围营造十分重要，照明的组成不外乎是灯具及灯泡。一般的室内灯泡分为白热灯泡、荧光灯泡、卤素灯等。至于灯具，依照材质分类有更多选择，如有传统金属式的材质、塑胶、纯玻璃材质以及石材等多种材料混合的产品。灯并没有绝对的适用空间，完全看消费者与设计师想要营造什么样的空间氛围，配合正确的施工，就能达到期望的效果。

■ 适用建材与验收标准

1. 认证合格标识及包装盒上的说明

灯具产品品牌认证，要有政府相关部门的认证标识，包装上应能查询到灯具的相关说明与注意事项，如照度、瓦数、功率性等。

2. 考虑拆换方便性

注意灯泡的拆换是否方便，是否需要使用特殊的工具。若是挑高空间所使用的灯，因更换较麻烦，要考虑其使用寿命。

3. 测试灯泡是否短时间内产生高热反应

购买时，可以点亮灯泡，并与灯具一同测试，看看是否会产生高热，热度是否会使现场的建材燃烧。若有，除非确定施工时会处理，否则不建议选购。

4. 潮湿空间灯泡要有防潮性

用于潮湿的地方，要选择防潮性的灯泡或是具防潮性的灯具，免得爆裂的情况发生。另外，室外灯也要注意防潮性是否足够。

5. 要符合家中电压

注意家中的电压是多少，以免烧坏或走火。

6. 货比三家不吃亏

灯具报价没有完全统一，同类型灯具可找两家厂商报价，勿被折扣数字所迷惑。

7. 亲自选购较佳

产品最好亲自看过、接触过，并了解其材质特性。

8. 注意零件是否齐全

收到货品时，要注意清点灯具零件，检查是否有缺失。

监工与验收重点

1. 灯泡接头不可松动

不论是横插式或是旋转式的都要仔细检查灯泡接头有无松动的情况。

2. 确认结合座孔径

螺旋式的结合座，孔径大小要事先确认。锁上时，要注意灯泡与灯座接触紧密，避免灯泡烧坏。

3. 慎选安定器

慎选安定器，避免造成无谓的噪声干扰。

4. 高热型灯泡散热要好

高热型的灯泡要注意散热的问题，并避免聚光处和易燃物接触，比如纱质窗帘可能会燃烧或焦黑。

5. 断电再安装

安装前记得断电关灯，以免造成烫伤与触电。

6. 锁合一定要牢靠

要注意固定性是否足够，以免安装后产生掉落意外。例如实心纯铜的东西因为重量较重，锁在天花板上要考虑结构性，悬吊度够不够，锁的时候要紧，不要过紧或过松。又如落地式的，要注意底座是否牢靠，避免地震时发生摇晃。

7. 慎选锁合方式

螺丝分为两种，一种是钢板锁合的，尽量选择有螺母型的锁合方式，如无螺母型的，则直锁式螺丝牙的锁合圈数要多，以免发生掉落的意外。

8. 金属电镀要避开酸性环境

表面若属于金属电镀涂装，避免在酸性的环境（比如硫黄温泉区）使用。

9. 卤素灯不可用塑胶外罩

塑胶类外罩尽量避免用在高热灯泡上，比如卤素灯，避免发生烧焦的情况。

10. 确认灯孔安装高度与大小

属于嵌入型的灯，要注意天花板与原始天花板间的预留高度与灯孔开挖的大小是否吻合。

11. 间接式照明不可露出灯头灯管

间接式照明要注意天花板预留的深度与宽度，避免露出灯头、灯管。

12. 电线缠绕要紧实

不管是拉力接还是对接，灯的电线缠绕都要非常紧实，同时要做好保护装置。当然，电源线最好要有套管保护，同时也要注意线径够不够。

13. 确认线材与回路种类

确认是单切回路、双切回路还是多切回路，线材一定要仔细确认，免去重新安装的麻烦。

14. 设计要方便更换灯具

采用罩面、灯墙式的壁灯，或是柜面的灯柱，要预留方便更换灯具的空间，以免更换时徒增麻烦。

15. 吊扇灯泡要防震

吊扇上的灯泡，避免安装后过度晃动，检查使用的灯泡是否为防震型产品。

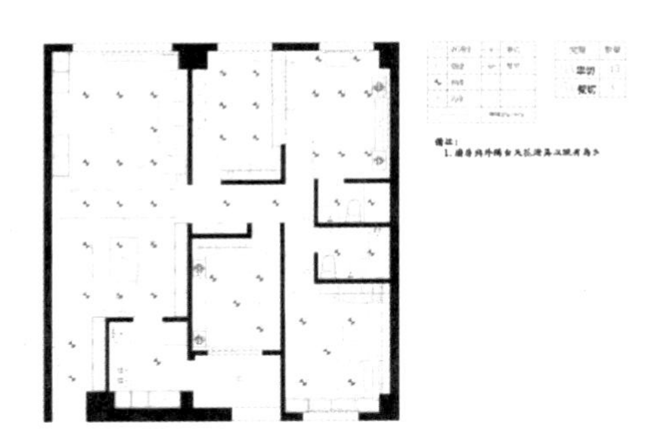

16. 阅读灯安装高度要适合

阅读灯要注意安装的高度，避免直射眼睛，以免过度刺眼。

17. 慎防壁灯影响动线

壁灯的挂架安装要紧实，要注意安装高度，以免影响动线，危害人身安全。

18. 材质应该防漏水漏电

外灯具要注意漏电以及防水特性，注意基本材质，应选不锈钢、锌铝表面处理等的材质，避免生锈以及太阳照射发生变化。

19. 锁合应避免破坏防水层

固定室外锁灯，要注意不要破坏房屋的表面防水层，尤其是立灯的固定底座容易发生此情况。锁壁灯时也容易造成破坏防水层的情况，主要防水垫片尤其不可少，同时也要特别注意其材质，避免水从出线盒倒灌进入。

20. IC 控制配件位置要确定

如果装 IC 控制配件，如藏在天花板内，要确定配件的装设位置，以便于事后维修。

21. 安培数够可防跳闸

要注意无熔式开关的安培数够不够，以免造成经常性的跳闸。

22. 根据设计挑选适用的产品

可调式灯光设计要确认灯具与灯泡可否使用，因为有些灯泡与灯具不可做可调灯使用，如传统式日光灯。

23. 要确认线路配置等细节

如做无线的遥控式灯光或智能型灯光，要确定线路配置与感应位置，以及后续维修、品质保障问题，避免整套系统无法维修。

24. 自动感应灯可能影响邻居

自动感应型的灯，要考虑环境、灯泡寿命以及邻居的观感。

家用电监工总汇
配电监工 10 大须知

1. 须确定所有水电、空调、弱电配置图的图稿

2. 施工人员也需具备专业知识和能力才能进行施工

3. 不同空间要使用不同种类的出线盒

4. 配线注意线材保护与固定，泥质结构内要用 PVC 硬管，活动配线要套上软管并且做适当固定

5. 搭接式接线要使用电器胶带作紧实的缠绕，以防触电

6. 出线孔位于非结构性的轻隔间墙面，要做好出线盒的固定支撑

7. 检查所有电线是否符合政府认证标准，严禁使用再制、回收或用过的旧电线

8. 线材搭接时，避免多接线，否则易造成接触不良或者是功率、电压衰减等问题

9. 开关插座要注意确认水平线，以免影响整体的视觉效果

10. 安装配线孔时禁止穿越或破坏梁柱，以免造成结构损伤

家用电工程验收清单

检验项目	勘验结果	解决方法	验收通过
1. 施工人员具有专业能力才可进行安装施工			
2. 所有配置是否按照施工图稿施工			
3. 仔细检查所有电线是否符合政府认证标准，禁用再制、回收或用过的旧电线			
4. 不同空间是否使用不同种类的出线盒，如浴室须用不锈钢制的			
5. 配线时需注意线材保护与固定			

6. 泥质结构是否使用 PVC 硬管做保护			
7. 活动配线应紧实套上软管保护并做适当固定，避免晃动、松脱			
8. 线材有接线情况须紧实再以电器胶带缠绕，防止触电			
9. 绕线须以顺时针方向（因电流为顺时针方向）			
10. 确认各电线颜色所代表供电的种类，如开关、插座等，图面应做好标示并以符号加以说明			
11. 开关箱要清楚标示代表的各区域与功能，方便电源再次启动或检修时辨认			
12 电源照明开关回路及切换位置不宜装于门后，造成使用不便			
13. 出线孔位于非结构性墙面上时须做好出线盒固定支撑，避免松脱产生危险与不便			
14. 不同电压配置在同一墙面上须清楚标示，避免混用，造成电器烧毁			
15. 出线盒的导线管是否做好防护处理，避免异物掉入造成漆包线被破损，导致电线走火			
16. 线材搭接时应避免多接线，避免造成接触不良或功率、电压衰减			
17. 确认开关插座高度，并确保水平同高以免影响整体外观			
18. 装设前注意住户专用电与公共用电的区别，避免供电疏失错乱，影响电源维护管理			
19. 地面线导管、保护管如有褶皱、破损是否即刻更换			
20. 室外配线的线管使用 PVC 管保护，禁用软管，避免风吹日晒造成老化			
21. 安装电热器等是否使用规定的线径配件，禁止凭经验随意安装			
22. 开关面板须避免使用未经检验的材质，以免日后更新不便			
23. 浴室安装电话、电视或音响等是否使用防潮配件与工法，防止器具损坏及漏电			
24. 高电压电器是否预留专用电路			
25. 各项工作是否按照水电相关图稿施工			
26. 各项电源开关是否可使用			

注: 验收时于“勘验结果”栏记录，若未符合标准，应由业主、设计师、工组共同商定解决方法，修改后确认没问题，于“验收通过”栏注记。

安装灯具验收清单

检验项目	勘验结果	解决方法	验收通过
1. 产品要达到检验标准			
2. 收到产品检查零件是否缺少			
3. 实心纯铜的灯具要先考虑被锁物的结构，并确认锁合是否紧实			
4. 落地式的灯具底座是否牢固，避免轻微碰撞或地震摇晃时倾倒			
5. 金属电镀涂装产品避免安装于酸性的环境中，以免损坏			
6. 塑胶类外罩尽量避免用于高热灯泡上，如卤素灯			
7. 嵌入型的灯是否与天花板开挖的灯孔大小相吻合			
8. 间接式照明的天花板，预留足够的深度与宽度			
9. 灯的电线缠绕紧实			
10. 电源线要有套管保护，线径足够			
11. 确认是属于单切回路、双切回路还是多切回路			
12. IC 控制配件如藏入天花板，要确定其配件的装设位置，以方便维修			
13. 罩面、灯墙式的壁灯与柜体灯柱，要预留更换灯具的空间			
14. 木头、涂漆、纸类等灯具材质是否耐热抗潮			
15. 吊扇上的灯泡，安装后不能过度晃动			
16. 壁灯的挂架高度是否足够，是否影响动线			
17. 室外灯具是否有防漏电以及防水特性			
18. 室外锁灯不可破坏房屋的表面防水层，必须使用防水垫片			
19. 无熔式开关的安培数是否足够			
20. 遥控式或智能型灯光，要确定线路配置与感应位置			
21. 灯泡为螺旋式的结合座，要先确认孔径大小			
22. 灯泡与灯座的结合要确保紧实，否则灯泡可能会烧坏			

注：验收时于“勘验结果”栏记录，若未符合标准，应由业主、设计师、工组共同商定解决方法，修改后确认没问题，于“验收通过”栏注记。

笔记

Part 2

弱电系统

黄金准则：装设弱电系统须考虑弱电箱是否足够，社区配备是否到位。

早知道，免后悔

随着科技发展，除了电器使用的强电系统外，还有因应科技产品衍生的弱电系统。所谓弱电系统包括信息的通信系统，例如电视、电话、网路、光纤、有线电视等，还有属于安保系统的智能型 HA 监视系统、照护系统等，以及广播系统、门禁系统等。

电视、冰箱、空调等电器是一般家庭都会有的配置，电力使用上每个家庭都不会相差太远，弱电系统则因为每个家庭有各自的考量，有的装设闭路电视，有的装设安保系统，因此有较大的差异性。

在配置弱电系统时，首先要针对需求与环境做多方评估，例如某些旧社区并没有光纤设备，若硬要在家里配置光纤网路，毫无意义；还有卫星、网络、有线电视等，就算还没装设，仍可选择做预留出口，就可省去二次施工，因此，列出详细的弱电用电器表，事先做出计划图与计划书，都是必要的准备。

知识加油站

弱电与强电的差别

弱电为 50 伏以下的供电系统。弱电设备包括的非常广泛，诸如电话设备、自动火警探测设备、火警自动警报设备、信号设备、扩音设备、电气时钟设备、各种标示设备、紧急信号设备、汽车出入信号设备、电视共同天线设备、防范信号设备、诱导呼叫设备等都属于弱电设备的范围

常见的弱电系统

1 通信系统

电话、电脑注意线径出孔位置、功能、主机位置。

2 安保系统

例如闭路监视器，具有专业性。

老师建议

弱电装置如电话、对讲机完工后到木工进场前，一定要多次地测试，免去有问题又要拆木作的麻烦。

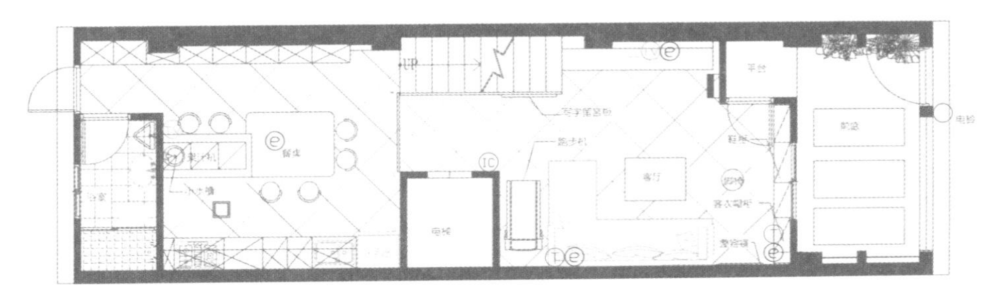

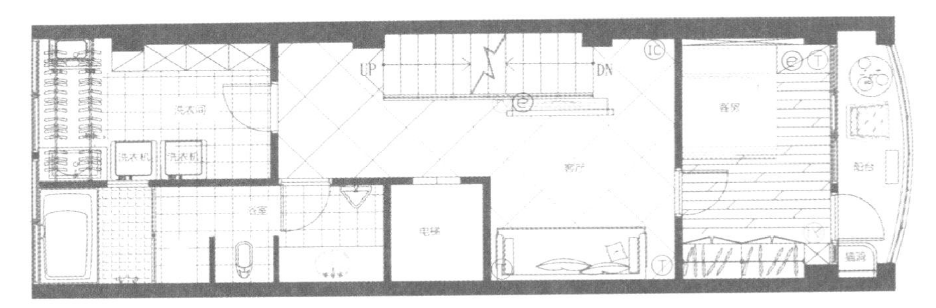

弱电计划图

图示	名称	数量	备注
TV	电视插座		
T	电信插座		
e	网络插座		
IC	对讲机插座		
□	一氧化碳侦测器		
▬	弱电箱		

符号说明表

▶▶

3 照护系统

包括维护居家安全、照顾家人的监视系统，适用于有小婴儿及老人的家庭。

4 不断电系统

有的属于个人紧急专用，也有居家专用独立发电机。

注：各种弱电系统都可以互相搭配使用，例如居家安全照护与安保系统搭配，透过影像就可以了解家里状况。

电话配线

电话配线与电灯配线相同，钢筋混凝土建筑以埋设金属管为主，于引进管端设置橘色专用配线箱，并于各楼层的配线箱，相互配设通信用电缆，由此再配线至各电话机。

电话设置配管及配线时，除不得影响建筑物安全外，也要注意以下重点：

（1）要和低压线间隔 150 米以上。

（2）应与高压线间隔 500 米。

（3）与天然气和暖气须间隔 50 米以上。

（4）电话配管不得与电力线共同使用。

（5）电话配管应设置于不受腐蚀、干燥处。

（6）配线箱应单独装设安置于便利检修地点。

（7）四层以上建筑先埋设电话保安器接地线。

（8）不得将电话线配置于升降机道内。

对于电话机的数量，一般依照建筑物的性质和面积进行预估。预估电话机数量后就可以决定配线电缆对数，进而决定配管管径、PBX（建筑内私设交换总机）容量、机房的大小。

火警警报设备

当火警发生时，由火警探测器测得火警信号之后，自动送出信号到火警受信总机，火警受信总机接收到火警信号之后，自动拉动警报并控制消防泵起动，进行灭火行动，若探测器尚未测得火警信号，而被人先发现火警，这时发现火警者可压动附近之手动警报器，其效果同火警探测器，也会送出信号到受信总机去处理火警警报设备。

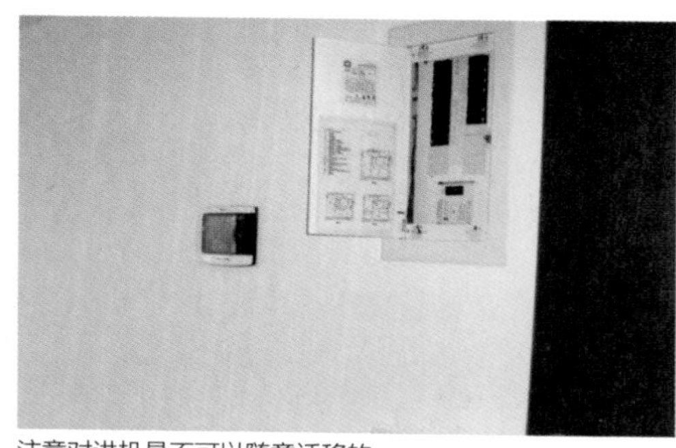
注意对讲机是不可以随意迁移的

火警探测器种类很多，依据建筑技术规则分成三类，即定温型、差动型、侦烟型，各型应具备之性能标准如下：

（1）定温型。

装置点温度到达探测器定格温度时，即行动作。该探测器之性能，应能在室温 20 摄氏度升高至 85 摄氏度时，于 7 分钟内启动。

（2）差动型。

当装置点温度以平均每分钟 10 摄氏度上升时，应能在 4.5 分钟以内启动，但通过探测器的气流较装置处的室温高出 20 摄氏度时，探测器亦应能于 30 秒内启动。

（3）侦烟型。

装置点烟雾浓度到达 8% 的遮光度时，探测器应能在 20 秒内启动。

各型探测器在构造上须具备下列性能：

① 操作及保养容易，构造精密，性能正确，且能耐久使用。

② 不得因尘埃、湿气等而影响性能。

③ 受侧面气流影响也能发挥同样效能。

④ 材料应使用不易被工业用燃气侵蚀，且能经久不变质、不劣化的质料制造。

⑤ 电气接点应有完备的密闭防尘装置，防止尘埃侵入，影响接点的性能。

弱电监工总汇
安装弱电设备监工 6 大须知

1. 事前须先考虑弱电箱是否足够

2. 装设弱电时切忌靠近强电系统，至少要与强电系统相隔 30 厘米以上才稳定

3. 强电与弱电系统要各走各的管道，才能避免干扰

4. 施工时须考虑线路配置，要有全方位的施工计划，避免线材暴露，影响品质

5. 弱电装置在装设完毕之后，一定要在木工进场前经过多次的测试，如电话、对讲机、电视信号，避免事后拆装的麻烦

6. 对讲机系统最好由专业厂商进行维修更新，防止自行拆装造成系统的破坏

弱电工程验收清单

检验项目	勘验结果	解决方法	验收通过
1. 弱电装置装设完成后须在木工进场前做多次试验，避免事后拆装的麻烦（如电话、对讲机等）			
2. 电话周边设备线材是否正常、有无杂信号			
3. 消防监测系统是否漏失、功能异常			
4. 对讲机系统应由专业厂商进行维护更新			
5. 视信、电视的接线是否正确			
6. 各项工程是否按照水电相关图纸施工			
7. 安装空调配线孔有无穿梁，如有弱电控制面板须事先沟通再施工			

注：验收时于“勘验结果”栏记录，若未符合标准，应由业主、设计师、工组共同商定解决方法，修改后确认没问题，于“验收通过”栏注记。

施工前 拆除 泥作 水 电 **空调** 厨房 卫浴 木作 油漆 金属 装饰

▲

Chapter 06

空调工程

新买刚安装好的空调不制冷，莫非是黑心货？

开开心心买了空调，就希望炎炎夏日回到家时，能享受一室清凉，结果施工人员把空调装在了热水器旁，叫房间怎么冷得起来呀？没错，居家空调不是买了机器安装好，就一定该冷的地方冷、该热的地方热，如果放错了位置，不但家里一边是热带、一边是南极，还多花电费增加开销。

项目	必做项目	注意事项
认识空调种类	1. 做好屋况评估，再决定安装窗式或隐藏式风管空调； 2. 安装前规划风向，让空调功能充分发挥，吹起来更舒适	想省电费，购买产品就要注意能源效率比
安装空调	1. 要求施工者依不同品牌空调安装手册进行安装； 2. 隐藏风管式空调建议每年请专人保养一次	1. 出风口避免直吹身体； 2. 留意新旧冷媒管，室内外机冷媒管距离不宜太远

空调工程常见纠纷

（1）家里的窗式空调不太冷，噪声又大，想换空调却不知如何挑选。（如何避免，见 124 页）

（2）想省钱买了功率刚好用的空调，装完吹起来一点都不凉。（如何避免，见 125 页）

（3）在卖场买空调时卖家说包安装，实际装完要再收费用，这是怎么回事？（如何避免，见 128 页）

（4）刚装修完想在家好好放松一下，坐在沙发上空调风直吹我的头，竟然感冒了。（如何避免，见 131 页）

Part 1

认识空调种类

黄金准则：购买空调时建议请专人评估面积、楼高与热源情况。

早知道，免后悔

使用空调的理想状态是让空间的每个角落温度一致，在评估空间时，通常以2～4人使用为最佳的配置，一般使用循环系统，部分采用直接吹风，有时因为装修造成温度无法下降，例如在容易受热处的窗边装设空调，而空调开口地方的风管没有对准受热处，就会让空间变得很热。因此，设计师规划空间时，就要评估空调的风怎么吹，与业主共同讨论后再决定安装位置。

至于空调类型，一般分为水冷式、气冷式、中央空调系统、冰水式、触媒转换系统，形式则有隐藏式、吊装式、壁挂式、独立落地式、配管式中央空调等，种类繁多，虽然各有各的出风方式、电路系统、排水系统及冷媒管配管系统，但不变的是，空调一定要使用专用回路的电，不得与其他电器共用。

哪种空调最适合我家

选择安装传统窗形或分离式，消费者可依需求来做衡量，若住宅是20年以上老旧公寓再加上已有传统窗式窗孔，可直接购买适合的窗式空调，进行安装即可使用。另外也可选择分离式机型，由于分离式分为室内机与室外机，且压缩机位于室外，所以室内机较安静。

常用空调机型

1 窗型

早期机型，有直立式。

2 分离式

有室内机冷媒管、排水、供电室内机等施工上的考虑。

3 气冷式

有立式、利用压缩机将冷媒通过运转产生冷风。

老师建议

不管家中空间是否全都需要使用空调设备，建议预留未来置入设备的位置。

不管家中空间是否全都需要使用空调设备，建议都要预留好置入设备的位置，以及适合壁挂与隐藏风管式空调的排水管双孔管线，如此一来日后想安装壁挂式或吊装式都可行。别觉得事先做好会多花钱，若当下未考量进去，等到日后才想要安装，不包含机器设备与材料费，仅木作、水电、油漆、修补、保护、清洁，就足以省下一笔工程费用。

考量面积、楼高与热源

购买空调前一定要先看自己家中的面积，通常每 10 平方米一匹。除了面积大小还要加入热源考量，若家中是顶楼加盖、挑高楼层或会西晒的房子，则必须还要再增加制冷能力。

4 水冷式

有水塔通过风扇，在冷媒运转时将冷空气送出。

5 吊装式

为分离式，将各式室内机所产生冷空气利用室内风机分配出多个出风口，可隐藏，也可外露。

定频变频之间的差异

分离式空调有定频与变频两种款式，由于定频有耗电与噪声等问题，使得近年来变频式空调较受欢迎，主要是因为其省电、强冷、安静且寿命长，因此接受度逐年提升。

1 对 1 与 1 对多的差别

所谓 1 对 1 是指 1 台室外机对 1 台室内机，1 对多则是 1 台室外机对多台室内机，选择安装 1 对 1 或 1 对多，必须考量安装地点以及是否有足够空间摆放室外机等。例如市中心高楼大厦越来越多，但摆放室外机的空间有限，室外机所占用的空间就要越少越好，此时使用 1 对多较适合。

EER 值愈高愈省电

能源效率比 EER（Energy Efficiency Ratio）值，是以制冷能力除以耗电功率 W，即市中心空调机以额定功率运转时 1W 电力 1 小时所能产生的热量（kW）。EER 值是代表制冷效率的重要指标，此值越高越省电。

知识加油站

能源效率分级标示制度

空调能源效率分为 1 ～ 5 级，级数越高越环保。透过此标示使消费者能清楚辨识产品能源效率，也能有效选择节能省电的绿色产品，所以购买时应多加留意

Part 2

安装空调

黄金准则：空调务必使用专用回路的电源，机器严禁装在铝门窗上。

早知道，免后悔

各个品牌的空调都有各自的专业技师、承装人员，虽然不用证照，但也要经过品牌培训才能为客人服务。专业空调技术人员主要评估该空间的热源数量多寡、门开启的位置、太阳西晒或热水器的影响，以及窗户面积大小、开口大小，还有日照长短等因素，才能决定一个空间里空调机器设备的多寡。其中纠纷最多的是因为没有做好环境评估，包括空间里有多少热源、太阳照射度及时间长短等，有时同样是16.5平方米的房间，所需要的空调功率却相差15瓦，明显就是因为热源不同所致。

空调管线的配置牵涉到结构木工、隔间等工程，在安装前就要先完成沟通，提出计划书及计划图是比较保险的做法。施工过程有基本的手册，配件也要注意，有时技师会建议适当装设遮风帘避免冷暖气外泄，或装设二进式空间，例如在玄关区，也可以有省电效果；此外因为有回风，部分会做遮风板挡住，但设计时要小心，不然会减少机器寿命。总之，进气、排气之间要做好规划，切记要预留适当的维修空间，尤其是隐藏式维修保养更要预留空间。

空调安装隐藏两大报价，管子越长成本越高，而不锈钢板、不锈钢螺栓又比镀锌钢板价格更高，专业人员所说的标准安装，一般不包含上述管子与支架费用。

安装空调注意要点

1 评估空间大小

室内面积、屋高、其他共同空间。

2 使用人数

空间内人数多寡，如商业空间、教室、会议室。

3 热源多寡

咖啡机、灯具、冰箱、电磁炉等所产生的热源，以及窗户的透光面积。

老师建议

就算有空调机专用平台，安装室外机仍要确实锁好固定，不然风雨较大时恐有掉落危险。

空间	面积	坐向	窗户/m^2	品牌	型号	管材	管距	取孔数	工作架材	热源区
备注										
承包商			TEL			管理员			TEL	
技师			TEL			设计师				

空调安装计划书

留意新旧冷媒之分

由于冷媒管有新旧之分，旧式冷煤管为R-22专用管、新式冷媒管为R-410A专用管，新旧式因厚度差异使得耐压情况不同，新式材质较厚，相对较耐压。因此，若要做预留管线动作，一定要留意所使用的冷媒管形式，才不会发生一两年后，想安装空调设备时，多数产品已不适用旧冷媒管的情况，得全部拆除重新配管，光是工程费用又得再花上一笔。

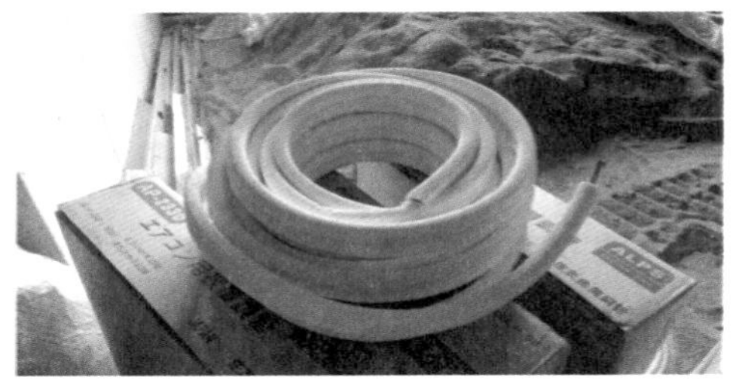

新式冷媒管

▶▶ **4 门窗开启位置**

向西方向的开口，如窗户、门。

5 日光照射时间

顶楼、无遮蔽的外墙。

6 决定出风口位置

如有无循环的效果、是否为热源。

安装空调除了机器的报价，还有许多隐藏报价，不可不慎。首先空调线路须配置管线包覆，管子越长成本越高，事先要沟通讨论清楚；而管材本身材质也有差异，重点在于内管保护装置的耐用度，接管过程各品牌有不同的技术规则，由每个品牌认定的技师安装较保险。其次是室外机的安装，以安装人员的安全与事后维修的方便性为前提，但不能影响到整栋社区大楼的外观及功能性；由于牵扯到规格安全，建议尽量由空调厂商提供安全防护设备，如安装施工架平台。

安装空调注意事项

项目	说明
1. 环境适当评估	先评估该空间的热源数量多寡，再决定空调种类
2. 使用独立电源	不得与其他电器并用
3. 室外建材防锈	防止气候因素造成机器锈蚀掉落
4. 注意隐藏报价	管子及支架通常不在标准安装内，材质也是一分钱一分货

必知！建材监工验收要点

安装机器时，与所有室外建材考虑气候因素一样，由于天气会造成金属表面的锈蚀与结构上的变化，强烈建议使用不锈钢螺栓、不锈钢板，如果采用镀锌钢板，很容易因为锈蚀出现掉落问题。此外，任何机器配件都要采用防锈耐候材质，比较有保障。

■ 窗式空调安装重点

1. 考虑周边防水处理

严禁安装在铝门窗上，尽量装在结构体砖墙或钢筋混凝土处，否则容易造成漏水，甚至导致整个机器掉落。

2. 计算平台承载率

这不是开玩笑，曾经拆过窗式空调，工人只拔出 4 个生锈的螺栓，空调只被“放”在空调平台上，而不是“锁”在平台，若遇强大风雨，造成的危险难以估计。

3. 防水填充材要慎选

除了要锁紧，周边防水填充材也要尽量使用不会产生低频声音的产品，减少噪声。

壁挂式空调安装重点

1. 安装时要依照安装手册程序安装

安装过程需要时间、材料费，这些都不能省，但有可能施工人员会在安装过程中偷工减料，这些都是消费者必须睁大眼睛注意的地方。建议安装时一定要要求施工人员依照空调的安装手册来安装，能有多一点的保障。

2. 室内外机冷媒管距离不宜太远

分离式空调机之室外机应尽可能接近室内机，其冷媒连接管宜在 10 米以内，并避免过多弯曲，否则会大幅降低空调能源效率。

3. 出风口避免直吹身体

一般施工人员为了方便安装，很容易忽略这项细节，安装时要留意出风口位置，是否会直吹到人身上，以客厅为例，人通常会坐在沙发上，因此就不应设置在沙发区，设置在沙发两侧的壁面是最佳位置。

4. 出风回风口不要有高热源物体

安装空调时要留意，在室内机出风、回风口前面，尽量不要有高热源的物体，例如电灯、艺术灯，也不要有横梁，才能让出风、回风更顺畅。

5. 留意新旧冷媒管的使用

目前冷媒管已全面换新，因新冷媒的压力是旧冷媒的 1.6 倍以上，所以冷媒管的管径厚度要求为 0.8 毫米，在安装时冷媒管外的被覆保温层上有注明新冷媒专用。

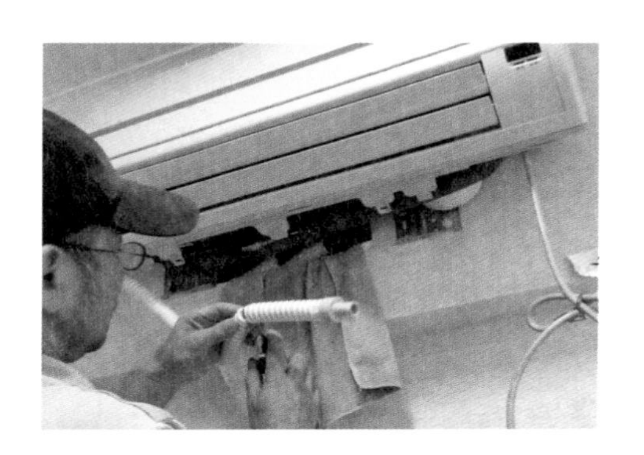

6. 留意机器的水平高低

室内机水平倾斜超过 5 度以上，容易造成空调倾斜漏水或空调排水管不顺导致漏水，因此要多加留意。

7. 冷媒未运转测试至定量

冷媒系统需使用专用压力表检测，冷媒太多或太少都会影响空调制冷，同时功率太低会造成结冰而影响风量，太高则会使得压缩机运转电流上升、空调不冷等问题，因此要测量出适合的功率，才能避免这些问题发生。

安装吊装式空调注意事项

1. 了解隐藏风管式空调设备

包含室外机、隐藏于天花板的室内机、风管以及出风口与回风口。

2. 空调与木作工程要衔接

确定好空调形式、尺寸与摆放位置后，首先空调工程工人会先安排冷媒管与排水管线位置，接着将室内机吊挂于天花板上，并将冷媒管与排水管连接到室内机上，之后分别安装集风箱与导风管。在安装完导风管后，换木作工程工人进场，以龙骨骨架施工制作天花板，并在封面硅酸钙板前安置出风口减速箱，安装完后才能进行封面动作，最后则是设置线形出风口与安装室外机。

3. 留意天花板是否有梁

有梁就会影响室内机摆放的位置，连带使得装置管线时会有绕梁的情况，管线绕过梁必须得多出 5 ~ 15 厘米的空间，会使得天花板高度相对缩减，一旦影响空间高度就容易产生压迫感。

4. 高度不到 2.6 米不建议安装

由于内机本身有厚度，再加上天花板还需要预留 40 ~ 60 厘米的深度来做包覆，因此，当内机架于天花板并完成封板后，天花板完成面到地面的相对高度若未达 2.6 米，不建议安装，因为空间高度不够的话，既易产生压迫感，使用上也会觉得不舒服。

5. 一次安装到位省下一笔管路费

建议在安装隐藏风管式空调前，就该规划好要安装的空间，若因为预算不足有一个空间未安装，等到日后再来装设，光是一套管路电线就需要花上一笔钱，因此事前要做好规划很重要。

6. 预留维修孔，不再多花拆除费

隐藏风管型空调必须依照规划预留维修孔，一般常见维修孔为 30 厘米 ×60 厘米与 30 厘米 ×30 厘米，另建议可安装尺寸为与隐藏风管型室内机尺寸再加 30 厘米，维修上更方便。若未预留维修孔，不仅会造成无法定期清洁空调设备，若哪天机器坏了，就必须得拆除装修来进行维修，若天花板不好拆除，费用还可能再往上加。

7. 吊装式空调由专人保养

隐藏风管式空调不建议自行清洁保养，建议每年请专人进行一次以上清洁保养，既能呼吸干净空气，对机器而言也能延长它的使用寿命。

8. 日后安装建议装设同品牌产品

一旦预留位置确定、各式空调管线预留配置完成，日后安装就只能安装同型号产品或同品牌产品，因为同品牌产品的管线变化不大，就算没有完全相同的产品，也能找到相似型号，安装上问题不大。不建议使用不同品牌产品，是因为会遇到尺寸不一、管线不同的情况，又需要重新变动位置、更换管线，还得再支付另一笔费用。

空调工程验收清单

检验项目	勘验结果	解决方法	验收通过
1. 由品牌专业技师评估环境，热源过多会影响制冷效果			
2. 所有配置是否按照计划图稿施工			
3. 认真检查所有管线是否符合国家认证标准			
4. 配线时需注意线材保护与固定			
5. 必须使用独立电路，不可与其他电器共用电源			
6. 室外机安装有无支架，即使有平台也要加以固定			
7. 室外机固定是否使用不锈钢板及螺栓，若采用镀锌钢板，容易有锈蚀问题			
8. 安装空调配线孔有无穿梁，切勿破坏结构体安全			
9. 排水孔位置是否恰当，尤其是落地式空调，须注意美观			
10. 是否预留维修管道及空间，方便日后维修			
11. 有无加装遮风板、遮风帘，位置是否恰当，避免影响出风口，造成机器寿命缩短			

注：验收时于“勘验结果”栏记录，若未符合标准，应由业主、设计师、工组共同商定解决方法，修改后确认没问题，于“验收通过”栏注记。

施工前 拆除 泥作 水 电 空调 **厨房** 卫浴 木作 油漆 金属 装饰

▲

Chapter 07

厨房工程

从空间实际条件和预算，规划厨具、设备及五金收纳。

厨房空间在整体居家空间中，虽然占的面积不大，但由于具有强大的功能，同时也是家中设备最多的地方，因此，如能打造一个符合实际需求的厨房空间，选对适合自己的设备，不但能提升厨房的效能和生活的品质，同时也可为生活带来更多的乐趣。

项目	☑ 必做项目	注意事项
厨具安装	1. 根据自己的预算列出材料表，所有的材料眼见为凭； 2. 安装要牢固，五金要慎选	想要确认不锈钢面板的纯度，可用磁铁试验，如果会吸附则代表不够纯
设备安装	1. 抽油烟机使用专用电源及专插，并依说明书规定选用线径； 2. 洗碗机、烘碗机位置，要符合人体工学及家务动线	1. 抽油风管管尾是否加防风罩，孔径大小要适当； 2. 设备若有橡胶类物件，耐热性要足够

厨房工程常见纠纷

（1）工人建议装人造石台面，说很耐用，用了一个月竟然开裂了！（如何避免，见 139 页）

（2）厨具桶身材质多样，厂商一直推荐我用比较贵的不锈钢材质。（如何避免，见 136 页）

（3）找人来做厨房吊柜，装完当晚就有东西掉落，还好没砸伤家人。（如何避免，见 139 页）

（4）向往欧式开放式厨房，装了欧式抽油烟机，每次煮饭整间屋子都是油烟。（如何避免，见 145 页）

（5）我的身高比较高，但厂商说厨具高度是固定的，每次洗碗都要弯着腰。（如何避免，见 138 页）

Part 1

厨具安装

黄金准则：货到施工现场全部都要检查，完工后一定要附上材料表核对。

早知道，免后悔

妻子身高 150 厘米、丈夫身高 180 厘米，请问厨具安装高度以谁为准？订购了高档抽油烟机、烘碗机，结果等到厨房装修完工后，保质期竟然剩不到半年！所有的柜面采用高级钢琴烤漆，看起来华丽又时尚，没想到清洁时没注意，被一块几元钱的百洁布毁了！厨房空间在整体居家空间中所占的面积越来越大，功能性也越来越强大，却也是纠纷多、让人又爱又恨的地方。

俗话说："货比三家不吃亏"，厨房工程更是如此，由于厨具设计属于专业范畴，因此设计人员的专业素质非常重要，他们对于各项零件、配件都必须相当熟悉，消费者不妨拿同样的问题，至少找三家去谈，看看设计人员是否对房子现况具有敏锐度，有没有特别针对排气、排水、热源等状况做了解，就可看出人员是否专业。曾经有厨房装修，使用天然气的却安装液化气热水器，而壁面龙头锁到台面龙头，更有厨具做好后整个吊柜掉下来的，因为柜子锁在轻隔间而非钢筋混凝土隔间，这些都是因为安装人员不够用心、不够专业所致。

同样的厨房工程，有人花 5 万元装修好，有人花 8 万元才搞定，由于涉及柜子材质、门板材质、台面材、五金，还有厨房三机（燃气炉、烘碗机、抽油烟机）等价差太大，最能避免纠纷的方式就是根据自己的预算一一列出材料表，而且所有的材料眼见为凭。

厨具的组成元素

1 台面

天然石、大理石、不锈钢、人造石、石英石

▶▶

2 橱柜桶身

木芯板、塑合板、不锈钢

老师建议

务必仔细阅读厨具材料和设备的说明书，切记要全部看过、看懂。

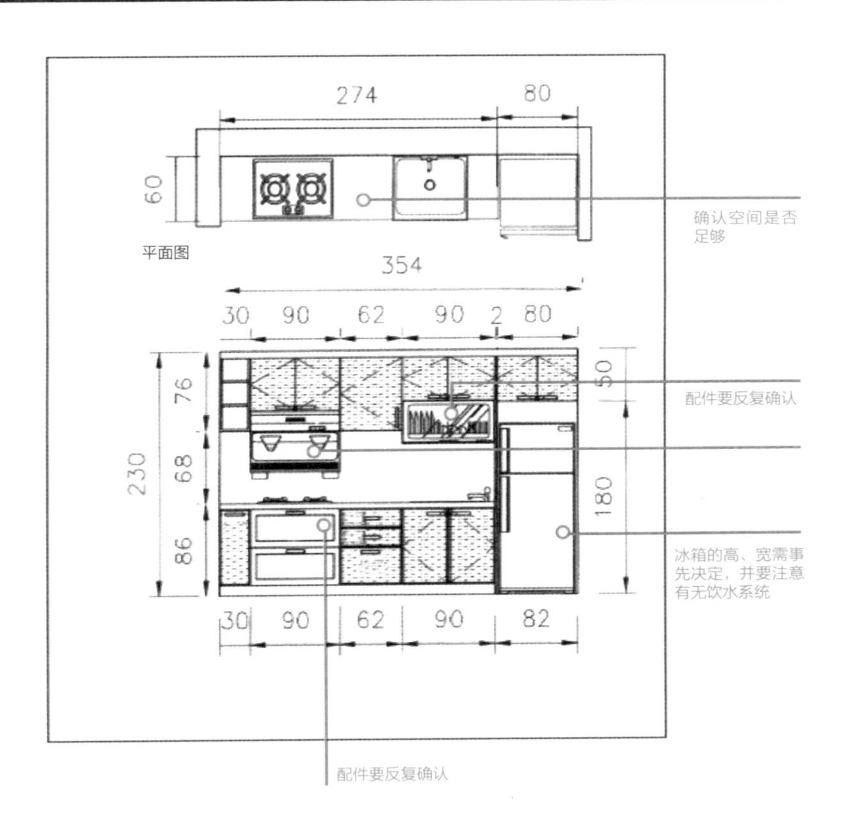

3 门板

▶▶ 钢琴烤漆、实木、强化烤漆玻璃、不锈钢、美耐板

4 水槽

▶▶ 不锈钢、人造石、珐琅

5 五金

▶▶ 隔板粒、铰链、抽屉滑轨等

厨具规格依照空间和使用者设计

不管是否在家做饭，厨房永远都是家的重心之一，所以即使价钱稍贵一些，选择品牌厨具机器比较有保障。由于厨具至今没有统一规格，每个家庭的所需尺寸都不同，所以准则是：先有空间再要求设备，配合图纸再安装。

在装修厨房前，最好先请专业人士列出房屋现况表，尤其排气（抽油烟机）、排水（水管及水槽等）及热源（包括燃气、灯具）方面要做出完善的规划，才能方便使用。

一般说来，厨房工程纠纷最多会在材质上，尤其是五金类的拉篮、铰链、滑轨、刀叉盘等，消费者最好斟酌自己的预算，五金配件买得多不见得好，主要看空间是不是符合需求，而且防水、防锈的材质就比一般塑胶贵上好几倍，收货时，每个材料的品牌、尺寸、颜色及使用方式都要确认。有了房屋现况表及厨具需求表后，就可以绘制出厨具平面、立面建议图，标明电源控制、进出水、排气系统与流向等，以及炉具要单口或双口、抽油烟机及上柜高度是多少、预留多大的冰箱空位等。

厨具尺寸和设计需符合空间条件

木座吧台结合厨具一体成型

知识加油站

厨具的常见高度

一般而言，厨具操作台高度 80 ~ 90 厘米，上下柜中间高度 60 ~ 80 厘米，主要还是依使用者的身高及习惯来决定

认识水槽种类

有单槽、双槽或多槽，还有另外加上厨余槽等多种选择，也可增加搅碎机、过滤器，或与饮水系统结合，材质以不锈钢或钢板烤漆较多，还有珐琅材质也相当受欢迎。

要不定时检查水槽接合处，如排水缓冲器与水龙头、水槽与台面结合处，是否有裂缝或开口造成漏水，珐琅型水槽若有裂缝，可使用塑钢土或珐琅漆修补。

水槽验货法则

尺寸大小是否合适→材质特性要慎选→进排水位置要注意，排水管须选用耐热材质→钢板厚薄大有关系→要用金属材质的排水缓冲器。

认识厨具台面种类

分为人造石、珍珠板、美耐板、不锈钢以及石材等多种材质，质感、耐用度及价格千差万别，大部分都以预算作为考虑选购的出发点。若选用石材，则要注意底下木柜的支撑度；选用人造石则要注意耐热度问题；想要确认不锈钢面板的纯度，可用磁铁试验，如果会吸附则代表不够纯。

“热”与“尖锐”是面板的两大杀手，滚烫的汤锅，或是锐利的刀具在台面上做切、剁的动作，都会造成台面损坏，难以补救。

台面验货法则

确认材质特性→搭配性要够→毛边经过处理→一体成型要注意弯曲处的纹样。

认识厨具五金种类

大部分可分为柜内式以及外挂式，可辅助收纳，增加使用的方便性。材质多为不锈钢与铁制电镀品，也有锌铝合金、强化塑胶等材质。须注意的是吊杆、杆类的荷重性是否足够，线材类的焊接点是否可靠，橡胶类物品是否容易剥落、老化。

安装柜内五金配件，应注意润滑与平整度，包括滑轨、滚轮或滚珠等，选用不锈钢材质较耐用，若材质为铁制，表面的防锈处理要可靠。

五金验货法则

以需求为购买考量→确认实际功能→注意结合方式→防锈处理要可靠→滚轮承重力要足够。

下柜与吊柜间的墙面最容易卡油垢，是否有完整规划，须事先沟通

厨房监工总汇
厨具设备监工 7 大须知

1. 货到时全部检查，不锈钢板厚度不同，有些只有专业人士才看得懂，完工后一定要附上材料表核对

2. 管子是否拗折，检查所有管子有无产生过度弯曲或皱折，尤其是空气类的管子，以免日后容易漏气

3. 门板接合密实，每个门板接合的密度要够，是否完全密合，柜子与墙壁是否打硅胶完全密封

4. 防水阻水过程是否流畅，特别注意水槽与人造石结合处是否打上硅胶，必要时在水槽放水观察

5. 厨房三机是否牢固，抽油烟机有无异声，吊挂性橱柜及五金每个螺丝是否稳固

6. 下柜与吊柜间的墙面最容易卡油垢，是否有完整规划，须事先沟通

7. 厨房容易受潮，所以饮水机、烤箱、微波炉等电器都要选有漏电保护装置的设备，比较安全

厨具工程验收清单

台面检验项目	勘验结果	解决方法	验收通过
1. 确定板类厚度，以及基本的材质			
2. 石材台面若为 L 形台面，防水要可靠			
3. 炉台木柜支撑力要够，并作防水处理			
4. 人造石台面耐热度要足够，否则易生裂缝			
5. 人造石台面毛边要处理干净			
6. 不锈钢台面可用磁铁检验不锈钢的纯度			
7. 不锈钢台面板与板的结合点，可以采用整体满焊式，让焊接更牢靠			
8. 美耐板台面的基材要具防水功能			
9. 封边处理若使用 PVC 等，结合要密实			
10. 美耐板台面的底材是否为防潮性板材			
11. 美耐板台面、板面、切割面的防水收边是否有细致处理			
12. 珍珠板台面若为一体成型，要注意弯曲处的纹样不可被破坏			
13. 安装时应确认厨具台面水平度要足够			

水槽检验项目	勘验结果	解决方法	验收通过
1. 选购的尺寸大小是否与空间吻合			
2. 进、排水位置是否符合设计，水槽安装后应多次测试排水的顺畅度			
3. 水槽与台面要注意边缘的防水处理			

4. 下嵌式水槽与台面间结合是否牢靠			
5. 注意扣具能否足够支撑承接水后的重量			
6. 珐琅陶瓷类材质的厚度、涂装是否经过妥善处理			
7. 应使用金属材质的排水缓冲器			
8. 缓冲器的配件注意止水垫片是否固定			
9. 水槽底部排水孔结合是否可靠			
10. 排水管是否为耐热性材质			
五金检验项目	勘验结果	解决方法	验收通过
1. 厨具五金的结合方式与使用空间或结构的材质是否符合要求			
2. 滑动型零件如滑轨若材质为铁制，表面的防锈处理要可靠			
3. 所有五金配件须确认防锈、顺畅度、平整度			
4. 置重物型的滑轨及滚轮可否承受重量			
5. 金属线材质结合要牢靠			
6. 外挂式五金配件是否无缺少			
7. 线材类的焊接点是否牢固			
8. 吊杆、杆类的荷重性要足够			
9. 与结构体如柜体、墙壁结合要牢靠			
10. 厨具五金配件等依人体工学、使用习惯安装，并和安装人员达成共识			

综合检验项目	勘验结果	解决方法	验收通过
1. 厨具安装前管线线径是否足够，以免事后增加附属设备			
2. 安装上方吊柜要与使用者的高度适合			
3. 吊柜的载重力与固定是否可靠			
4. 确认门板与柜子的密合度，忌离缝造成害虫侵入			
5. 中岛型厨具要注意水电管的配置是否合宜，包含所有插座、排水、进水等			
6. 测试各接点、接头是否固定，不得有任何松动			
7. 厨具所有的质保书要妥善保存，方便事后维修事宜			
8. 所有厨具应事先试用，入住交接时应注意相关事项			

注: 验收时于“勘验结果”栏记录，若未符合标准，应由业主、设计师、工组共同商定解决方法，修改后确认没问题，于“验收通过”栏注记。

Part 2

厨房设备安装

黄金准则：喜欢大火快炒，适合用燃气灶；习惯少油烟料理，可选电陶炉或电磁炉。

早知道，免后悔

现代大众多倾向选购节能省电的设备，厂商也研发出更多符合环保诉求的产品，如内焰式燃气炉，强调火力更集中，能缩短烹调时间，无形中达到节能目的。此外针对炉具的安全性，目前也有防空烧设计及燃气熄火自动切除装置的产品，加上近年政府大力支持节能环保项目，不少国产品牌也获得政府认证，不一定要花大钱购买进口品牌。

认识炉具种类

可分为燃气型与电热型。通常燃气型使用较多，有独立式、台面式与下嵌式等，炉口从单口到 5 口都有，可因需要做选择。而电热型是利用电离子原理产生热度，并使用不同金属材质产生直接性的加热。炉面可分为玻璃、不锈钢、漆质等多种面板，除了注意清理外也要注意耐热度，避免边缘性的撞击、爆裂。

厨房施工常见纠纷

1 材质纠纷

事先没有讲好材质，例如烤漆色泽会有色差，或是设计人员没有了解使用者的基本诉求。▶▶

2 功能纠纷

抽油烟机安装得太高或太低，冰箱打开会卡到柜门等。▶▶

老师建议

抽油烟机不能只追求美观，要符合使用者习惯，选购适合的设备。

此外，安装后须不定期检查燃气炉是否燃烧完全，若是黄色火焰过多，就要请专业人士检查调整。

燃气炉验货法则

注意有无检验标识→选购有口碑的品牌厂商→了解燃气炉的气源→购买产品要注意出厂与检验日期。

认识抽油烟机种类

可分为吸顶式、壁挂式以及下抽式三种，有不锈钢面板、烤漆面板等选择，若是安装漏斗式、倒T形的抽油烟机，要考虑空间现况，千万别被厨具公司的展示柜迷惑，造成实际安装后的空间与整体美感的落差。

抽油烟机尽量用专用电源及专用插座，并依照说明书规划线径；安装后要随时检查抽风管是否有过度的油污或卡垢的情况，可请专业清洗人员处理。

抽油烟机验货法则

选择良好的品牌与厂商→确认设备与使用空间相符→确认供电无误→确认油烟机的性能→照明设备要先确认→集油杯与橡胶类材质要耐用、耐热→排油烟管勿用塑胶材质。

抽油烟机要安装在燃气炉正上方，距离上要考虑油烟机吸力

3 责任归属

燃气管、抽油烟机管、水电安装等需进行结构性的打洞，同时移动电源设备等也会产生一定的费用，不含在安装费用内。

4 养护纠纷

厂商没有事前说明，使用者以百洁布刷洗烤漆面板造成损坏等。

5 保质纠纷

三机调货、特殊材质门板加工方式不同、交货时间点不同，影响保质期。

备注：机械性的三机都有保质维修，但保质期与装修完工期中间会有日期偏差，须注意库存产品易出现维修问题。

了解烘碗机种类

一般来说有悬吊式以及落地式两种，基本上用于餐具的烘干，并通过红外线等特殊设备杀菌，另外也有储放餐具的功能。安装时要注意尺寸，避免拿取餐具困难，而经常使用的上掀板或门板，则要注意材质以及铰链、转轴处是否耐用。

安装时要确定机器与墙壁的结合是否牢靠，避免脱落；完工后，记得将安装手册及产品保质书保存起来，以便日后维修。

烘碗机验货法则

选择优质的品牌→确认产品功能→配件使用不锈钢材质→材质要具耐热功能→控制面板好操作→确认有断电装置→灯泡拆换容易。

笔记

厨房设备监工及验收清单

燃气炉检验项目	勘验结果	解决方法	验收通过
1. 确认有无合格的检验标识			
2. 了解燃气炉所使用的气源			
3. 炉口金属边缘是否修饰圆润			
4. 烤漆面板表面是否做好烤漆处理，如无则易生锈			
5. 锁螺丝的结合点与炉柜锁合是否密实			
6. 炉架的座与脚是否结合牢固			
7. 铸铁类材质是否有防锈与耐热处理			
8. 炉头电镀表面处理是否可靠耐用			
9. 电子开关是否经过检验并附有合格标识			
10. 夹具与燃气管要固定，可避免燃气外泄			
11. 电热式燃气炉具若为炉具连烤箱式，则要预留正确散热位置			
12. 电磁波要经过相关单位的检验			
13. 使用专用的插座			
14. 器具操作的开关或旋钮安装合格			
16. 燃气炉旁与边缘不得放置易燃材质			
17. 燃气总开关位置是否方便操作			

抽油烟机检验项目	勘验结果	解决方法	验收通过
1. 安装后要测试电机运转是否顺畅			
2. 板与板的结合面要密合无缝隙，缝隙过多会卡油			
3. 活动式挡烟板动作是否灵敏			
4. 集油杯材质要耐用、耐热			
5. 不锈钢材质要确认纯度是否足够			
6. 结合面要使用不锈钢螺丝			
7. 塑胶与橡胶类材质是否有耐热功能			
8. 排油烟管接头位置要固定			
9. 柜体与抽油烟机结合要密实			
10. 自清式的抽油烟机是否有渗水情况			
11. 排油烟管避免用塑胶材质			
12. 抽油烟机的排油管是否皱折弯曲			
13. 抽油烟机的排风管有无穿梁打洞			
14. 排风管是否使用金属材质，以避免发生火灾			
15. 抽油烟机排风管管尾是否加防风罩，孔径大小是否适当			
16. 抽油烟机与炉具是否对称			

洗碗机、烘碗机检验项目	勘验结果	解决方法	验收通过
1. 选购前要注意空间的管线、厨具的尺寸等是否相符合			
2. 确认进水、排水位置高度			
3. 施工前要先确认电源使用种类为 110 伏还是 220 伏			
4. 旋转喷水式的洒水头出水要顺畅，旋转要灵敏			
5. 选购前要了解产品功能及基本材质			
6. 依照人体工学来选择安装高度			
7. 配件使用不锈钢材质且不可有毛边			
8. 铰链、转轴处是否耐用			
9. 接水板清理起来要方便，若无则易藏污纳垢			
10. 确认有断电装置，避免电路过载			
11. 如有橡胶类物件，耐热性要足够			

注: 验收时于“勘验结果”栏记录，若未符合标准，应由业主、设计师、工组共同商定解决方法，修改后确认没问题，于“验收通过”栏注记。

施工前 拆除 泥作 水 电 空调 厨房 **卫浴** 木作 油漆 金属 装饰

▲

Chapter 08

卫浴工程

安全设计不可少，再依居住成员人数及喜好挑选设备，提升使用舒适度。

浴室空间与人的生活息息相关，因此卫浴设备的使用是否方便，自然也关乎浴室空间是否能为居住者带来最大的舒适感。卫浴设备的种类多样，马桶、浴缸、脸盆除了各有不同的造型之外，也具有不同的功能与设计方式，选购时除了注重实用功能外，也可在风格上多做考虑，以营造出最舒适的卫浴空间。

项目	必做项目	注意事项
卫浴设计须知	1. 浴室要注意防滑及行进动线、门板尺寸； 2. 洗脸盆、浴缸注意整体高度关系，排水量宁可大不可小，配管时就要做好确认	1. 马桶管径的迁移，将牵涉到地面垫高而产生载重以及防水的问题； 2. 各种器材的选择都在水电图完成前做好确认，避免事后改管
卫浴设备安装	1. 视个人需求选择设备等级，如智能马桶、按摩浴缸等； 2. 安装时要注意做好空间及设备的保护措施，避免造成损伤	1. 配件的位置既要使用方便，也须注意动线； 2. 留意购买的产品是否有标准检验标识

卫浴工程常见纠纷

（1）才装修好浴室，妈妈来住就在浴室摔伤了！（如何避免，见 153 页）

（2）兴冲冲地买了智能马桶座，想安装时才发现浴室插座不够。（如何避免，见 154 页）

（3）做了细框的玻璃淋浴间，开关门时感觉有点摇晃不稳，会不会掉下来啊？（如何避免，见 157 页）

（4）买了进口水龙头，设计感十足，安装后用不习惯，经常烫到手。（如何避免，见 159 页）

（5）小套房没有阳台，电热水器得装在浴室里，会不会不安全啊？（如何避免，见 162 页）

Part 1

卫浴设计须知

黄金准则：浴室易发生意外，设备的豪华绝对不如使用的安全性重要。

早知道，免后悔

花了大把钞票购买了智能马桶，结果马桶附近完全没有插座可用，还要接一条丑丑的延长线！新整修好的浴室里没有扶手，连浴缸都是架高的，80 岁的奶奶洗澡成了难题。浴室与厨房一样，都是家里最易发生意外的地方，在整修之前要做好完善的规划，尤其是有老人或小朋友的家庭，设备的安全性比豪华的外观更加重要，切记！

越来越注重生活品质的现代人，待在浴室里的时间也越来越长，浴室已渐渐跳脱单一的清洁功能，反而增加了放松舒压的情境需求。由于它与人们的生活息息相关，因此卫浴设备的选择及使用上方便与否，都会影响舒适度，而无论浴室如何变化，装修浴室第一重要的工作就是做好防水。浴室里用水量大，也会用到电，漏水＋漏电可能引发致命危险，而光是漏水就可能导致房屋受损，严重时还会与邻居产生纠纷，不可不防。

装修浴室之前建议先列出各项设备的采购表，包括：马桶、脸盆、浴缸、淋浴设备、配件、肥皂盒、毛巾架等。以马桶而言，排放尺寸就分为 25、30、40 厘米，如果装设位置不对，必须加装偏移管，否则容易渗漏水，所以在设计图上就必须标明确切的尺寸及位置。

马桶有各式种类、品牌、型号、颜色、安装标准尺寸、排水量、相关配件，智能系统也越来越普遍，有些智能马桶是附加式的，

更改浴室流程

1 更改浴室位置

首先考虑各种管径排水系统以及污废水系统，重点在于马桶管径的变化，将牵涉到地面垫高而产生载重性以及防水的问题。

►►

2 确认安装水电图

各种器材的选择都在水电图完成前做好确认，避免事后改管，各式电线都要有防水、防潮措施。

老师建议

即使再节省空间，把洗衣机摆放在浴室，也要避免边淋浴边洗衣服，否则容易触电。

有些是专用的，安装前要考虑浴室现况，是否需要加装马桶专用插座等，这些则要列在空间检查表里。有许多案例是马桶装好后，浴室的门竟然没办法全开，还有浴缸装设与水管对位没有对好，偏移了！最恐怖的是按摩浴缸会漏电，这些都是因为没有事先做好空间规划及水电配置。

另外，家里有老人的，要注意无障碍设施的设计，如有无加装扶手、防滑设备等，因此就算浴室空间再小，也要事先做好空间检查，才能设计出方便使用又安全的浴室。

卫浴需求表

工程负责人：　　电话：　　紧急联络电话：

空间名称：主浴

品名	品牌	颜色	材质	尺寸	形式 / 型号	数量	单价	总价	备注
马桶									
洗脸盆									
拉门									
浴缸									
蒸汽机									
脸盆水龙头									
淋浴水龙头									
肥皂架									
毛巾架									
漱口杯架									
卫生纸架 / 盒									
安全扶手									
排风机									
干燥机									
脸盆浴柜									
置物镜箱									
莲蓬头									
热水器									
浴帘布									

（卫浴空间检查表）

3 确认进水高度

▶▶ 洗脸盆、浴缸等要注意整体高度关系，水管与壁排水孔要切实结合，注意做好防水处理，避免进水时发生漏水的情况。

4 确认排水量

▶▶ 洗脸盆、浴缸的排水量大小在配管时就要做好确认，宁可大不可小。

Part 2

安装卫浴设备

黄金准则：卫浴设备的安装要预留专用电源插口，切实做好防水。

早知道，免后悔

卫浴空间虽小，但是所使用的器具却不少，从浴缸的安装、干湿分离的设计、水疗设备的使用到马桶脸盆的挑选，每一个项目都是一门学问，这里将告诉读者挑选与安装的注意事项，以及重要的进排水问题，让监工过程更加顺利。

采购马桶须知

马桶分为坐式、壁挂式与蹲式，基本上会因为水箱设计而有所不同，有高水箱与低水箱，也有壁挂式以及压力式水箱。一般家庭常用坐式，较讲究或追求新事物的家庭则会选用壁挂式。首先挑选马桶要注意排水中心孔径与墙壁的距离是否足够，一般家庭多用 30、40 厘米的大小，先确定后才能选择马桶种类、品牌等。至于智能马桶则是设计时加上洗净以及暖座设备，以水冲方式来代替过度擦拭的清洁方式，需要预留配电插座及进水装置的空间。

知识加油站

慎选马桶水箱除臭剂

马桶必须不定时检查外观是否有裂缝，在清洁时避免使用过度强酸或尖锐性物品。如水箱要放置清洁剂或芳香剂，要确认成分是否会影响塑胶制品，以免造成损坏

常用卫浴设备

1 马桶 ▶▶ 2 洗脸盆 ▶▶ 3 浴缸 ▶▶ 4 淋浴拉门 ▶▶ 5 水龙头 ▶▶ 6 抽风设备 ▶▶ 7 卫浴五金配件

老师建议

挑选马桶要注意排水中心孔径与墙壁的距离，确定后再选择马桶的种类、品牌。

马桶监工与验收

1. 马桶样式影响管线配置	一开始要确定好马桶的样式，如壁挂、坐式或蹲式，因管线的配置方式会有不同
2. 不同马桶进水方式不同	进水方式要确认，如壁挂式水箱的水管是从墙面由上而下
3. 水箱与便座须可靠结合	高水箱与低水箱若不是单体（座）式的，注意水箱与便座的结合要牢靠
4. 确认排便孔的中心孔径	坐式或壁式马桶安装前，排便孔的孔径要对准中心孔径位置，避免偏移
5. 便孔与污水孔结合可靠	安装时要确定便孔与污水孔之间的配件切实结合，以防渗漏
6. 注意接合使用的水泥比	坐式马桶与壁面结合如需要用到水泥，水泥比例须为 1 ： 2，同时避免水泥落入管内，否则会造成堵塞
7. 止水垫片会影响止水性	止水垫片的厚薄要适中，这样零件接合的止水性才会比较好
8. 排放水的容积要适当	确定排水容积是否足够冲刷排泄物，也要从环保角度考虑，以不会造成浪费为原则
9. 更改管线注意排水坡度	如必须更改管线，要注意排水坡度，在允许情况下可预留清洁孔与维修孔，方便日后清洁维修
10. 安装时要考虑人体工学	马桶安装前注意空间大小，要考虑是否会与其他器具（例如脸盆、门）碰触，并须符合人体工学以方便使用
11. 各式系统记得预留电源	若安装智能马桶、蒸气系统等要预留电源，也要注意切实做好电器类的防水处理

8 热水器

说明	符号	说明	符号
洗脸盆		拖布盆	
小便斗		淋浴盆	
坐式马桶		浴缸	
蹲式马桶			

常用卫浴图例

采购浴缸须知

浴缸一般分为钢板陶瓷浴缸、FRP浴缸（玻璃纤维制作）、亚克力式浴缸（背面为FRP喷涂增加韧性，具有亚克力光泽，保温性也较好），以及木桶、水泥制造等种类。浴缸在空间、收边允许的条件下比较容易量身定做，但须注意防水性要好。而最近因水疗浴盛行，厂商推出的按摩浴缸越来越受欢迎，它是利用水、气体的特性，制造出水循环的效果，但价格不菲，所需要的空间也不一样，在选购时需考虑预算及浴室空间是否足够。

浴缸属于独立个体式建材，具有储水功能，有些人为了营造放松的环境，还会在浴缸旁加设音响、电话、电视或水疗功能，让浴室成为享受的空间，必须特别留意的是防水及水气渗透到电器等问题，在配置上关于后续防水、收边，以及按摩系统维护等，最好事先考虑周详。

知识加油站

FRP是什么?	FRP是“玻璃纤维强化塑胶”的简称，使用不饱和聚脂树脂，加上硬化剂或适度加热与指定的促进剂放置于室温下，经过一定时间后胶化，最后制成具有弹性的树脂状硬化材质，而此种液体树脂再加上玻璃纤维的补强后，便成为强化塑胶
偶尔检查维修孔	不定时检查浴缸的维修孔，查看浴缸底部是否有漏水情况，必要时请厂商处理，以免损害房屋

5招避免买到黑心浴缸

（1）选购前要确定好尺寸、颜色，以及排水方向、排水方式。

（2）详细了解材质的特性，以及零、配件使用方式、耐用性，并多做比较。

（3）选择时要注意品牌、售后服务以及维修的方便性。

（4）检查零、配件是否齐全，有无疏漏情况。

（5）若安装按摩浴缸，须注意浴缸是否具有自清残水以及杀菌的设计。

浴缸监工与验收

1. 确认排水管与孔位	要注意排水管位置、孔位是否一致，与浴缸的中心位置要对称，需事先在图面做好安排
2. 底部支撑务必可靠	浴缸须注意承重力是否足够，底面支撑要牢固，尤其是 FRP 材质浴缸，底部若没有牢靠固定，可能会因瞬间受力而出现破裂情况
3. 注意防水与排放水	浴缸用水量大，除了底部支撑要做好防水外，更须注意排放水的顺畅。排水管的坡度要注意，避免回积水与排水过慢的情况发生
4. 视听设备预留管线	如需要装设音响、电话系统等，要预留管线位置，同时做好管线防潮处理
5. 表面不可以有破损	认真检查浴缸表面，若为亚克力材质会有层保护膜，要检查是否有破损；若是陶瓷浴缸则注意是否有瓷裂或瓷面掉落、破损的情况。表面材质的选择，须避免尖锐材质
6. 水垫片锁合要牢靠	溢流孔、排水孔与缸体止水垫片锁合务必牢靠，管子与缸体的管接位置，要做好止水处理或固定
7. 预留维修孔的位置	维修孔有不同材质，如不锈钢、FRP 等，以拆卸容易、止水密合为原则，位置必须方便维修
8. 以总水量选择工法	若是泥作浴缸则要做好防水计划以及结构上的考虑，有砌砖型与钢筋混凝土两种结构，先确定总水量多少，再选择工法。水泥养护一般要泡水 1 周，测试裂缝与漏水问题
9. 按摩浴缸注意噪声	按摩浴缸会利用电机制造气泡产生循环效果，要注意电机的静音度、防漏电设计以及电源配置，并考虑事后维修是否方便
10. 慎选浴缸喷孔材质	无论水喷孔或气泡喷孔材质都要事先确定，金属材质要选择抗酸碱的，塑胶需要有抗热性，止水锁合都要牢靠

采购淋浴拉门须知

别小看一片片的淋浴拉门，它既可以用于分离干湿空间，也可以用作蒸气室的阻隔板，更可以做造型（例如喷砂）来增加浴室空间的美感。淋浴拉门的材质大致可分为有框式与无框式，有框式的材质有亚克力、PS 板等，而无框式大部分使用玻璃，再用夹具固定。

至于拉门开启方式可分为横拉式与推开式，安装轨道很重要，重点是要做好排水，若是无障碍空间则要注意拉门的门槛，有可能阻碍轮椅的行进，另外吊轨式玻璃容易被轮椅撞坏，因此使用和功能上都要事先做好计划。

无框玻璃拉门若是隔间的面积过大时，必须加强金属杆的固定，才具有足够的支撑力，同时要避免单点撞击的伤害发生。

知识加油站

做沟排要事先计划

对于拉门下方是否要做沟排，在泥作工程前就要事先规划，因为沟排的水会比较集中，不会积水，但须考虑预留地板高度至少3~10厘米，等泥作工程结束再决定要做沟排就太晚了，可能必须打掉地板重做

4招避免买到黑心淋浴拉门

（1）选购前要注意空间是否适合，以免装设后造成进出与使用上的不便。

（2）如有蒸气室，要注意做好顶棚处理计划。

（3）要确定把手样式与位置，避免事后纠纷。

（4）每块PS板或玻璃都要确认厚度，表面不得有任何刮痕。

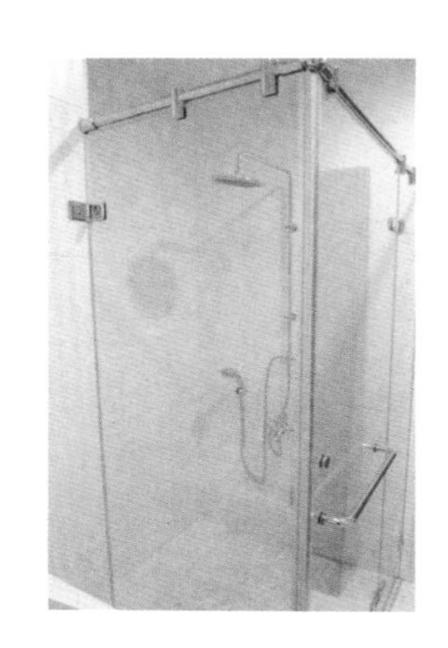

淋浴拉门监工与验收

1. 不同材质的接合方式	一般使用铝合金材质，要确认是否有螺丝松动问题，塑胶材质接合检查是否切实嵌入，避免毛边产生。用强化玻璃时，要确认固定的方法是锁的还是用接合器连接
2. 滚轮与轨道要切实固定	横拉式有框拉门要注意滚轮与轨道位置，是否切实固定，也要注意载重量
3. 螺丝型接合选用不锈钢	中间型拉门螺丝型接合一律使用不锈钢材质，锁合要牢靠，上下滚轮必须相同
4. 拉门涂装注意环境因素	拉门材质涂装有烤漆型及阳极处理等种类，烤漆型要注意是否有掉漆情形，阳极处理则要避免刮伤、避免用于酸碱空间如温泉区，否则易出现氧化情况
5. 止水条要避免渗水脱落	门板与门板间的止水条要切实密合、就位，避免出现渗水、脱落的情况
6. PS板的纹路要一致	检查PS板的纹路位置是否一致，一般为有纹样的方向朝外，平面朝内，可因需要做不同调整
7. 门槛宽度及高度要适中	门槛式拉门或者设置在浴缸上的拉门，都要注意宽度及高度，以配合装设轨道，避免过大与过小
8. 玻璃材质注意加工表面	玻璃若有喷砂、贴纸，记得加工的表面要面向门外，最好做强化处理；若用于无框拉门，则夹具部分要考虑荷重问题，勿只顾美观而忽视安全性
9. 门板式要留意开启方向	门板式拉门要确认开启后的方向是否会碰触到物品，预留足够空间，并且以外推式较佳
10. 装设前确认排水孔设计	安装前要确定淋浴间的内、外部有无两组排水孔的设计，避免安装后才发现有疏漏

采购水龙头须知

水龙头可以控制水的流出及停止，主要原料为铜或锌合金，也有加入陶瓷原料的水龙头，加强了抗氧化功能。一般浴室用的水龙头分为洗脸盆用、淋浴用、浴缸用及淋浴柱用，有的是冷、热分离，有的是冷热混合式，冷、热水混合后才出水的，可以控制用水温度。

通常出热水的水龙头会有一个红色指示符号，而出冷水的水龙头则有一个蓝色或绿色指示符号，又或是标示“H”或“C”的英文字母以代表热水或冷水，以免误用造成意外。

虽然水龙头大多是金属材质，但价差相当大，而且造型有很多变化，把手更是使用方便且美感兼具，令人目不暇接。一般水龙头包括立式、长颈式、冷热混合式等；还有感应式水龙头，具备自动断水功能。而水龙头的内部开关也逐渐从金属结构发展为陶瓷结构，使用方式有按的、拉的、旋转的、脚踏的，在选择上最重要的是检查水龙头的止水阀芯，因为水龙头阀芯通常也会决定水龙头的好坏。消费者在选购时，不妨转动一下龙头的把手，看看与开关之间有无间隙。目前市场上的水龙头有橡胶阀芯、球阀芯和不锈钢阀芯等，不锈钢阀芯是新一代的阀芯材料，密封性强、物理性能稳定，使用期也较长。

知识加油站

不定期清理水龙头

如果出水量太小，可将水龙头拆下检查喷出孔是否被水垢杂物堵塞了，要不定时拆开水龙头清除内部的杂质，包括滤网上的杂物或青苔，以确保出水顺畅。若要消除水渍，则可以使用柠檬酸，既环保又不伤手

4招避免买到黑心水龙头

（1）注意轴心与具有旋钮式功能的配件是否为耐用材质。

（2）表面的处理与环境的利用是否相符合。

（3）零件的维修、取得是否方便，是否采用了特殊安装方式。

（4）选择良好品牌与产地，注意后续维护与质保是否方便。

水龙头监工与验收

1. 确认给水高度、出水口深度	检查是否与脸盆、洗槽匹配，是否符合人体工学，而出水口的深度与接水的器具距离有没有过长或过短
2. 注意安装位置，接头要密合	安装时要注意冷、热水的区别，以及接头固定方式，如有接管，无论是金属或纤维材质，要切实紧密结合
3. 出水的防护盖要密贴于墙壁	壁面出水的防护盖，务必密贴于墙壁，否则容易造成金属盖割伤，塑胶材质则容易破裂
4. 防水配件都要切实锁合	水龙头内部所有零配件，尤其接合部位的防水配件、止水器如防水垫片等，要切实就位锁合，检查给水的止水带是否缠绕密实
5. 确认水龙头的表面是否完整	水龙头大部分使用铜器，表面经电镀处理，安装前确认表面是否有剥落、生锈或褪色情况，烤漆类亦做同样处理
6. 伸缩水管配重器要切实固定	安装时要切实固定，避免有杂物阻碍，记得要多次测试伸缩功能
7. 脸盆止水的拉杆锁合要适当	洗脸盆的止水拉杆最好采用金属式，比较耐用，拉杆的锁合时要适当，不能过松与过紧
8. 花洒的多功能喷头要做多次测试	花洒水龙头淋浴器分为旋转与按键式，也有可控制的多功能喷头，要做多次测试，出水孔通常会有 1 ~ 2 个滤网，不要拆除

采购抽风设备须知

浴室用水量大，容易潮湿，务必做好排水设计，尤其有些浴室没有窗户。有些家庭利用浴室晾干衣物，此时更需要安装抽风设备，减轻湿气问题。抽风设备从基础的风扇，到三合一抽风机、多功能式干燥机、多功能照明设备＋抽风暖风，单价从千元到十多万元都有，除了考虑功能性，也要注意控制方式，还有整个机器完成后的高度，安装前务必检查浴室环境，有些机器本身高度将近 50 厘米，但天花板只有 30 厘米，就无法安装。此外，也要注意预留管线及感应系统位置。

4 招避免买到黑心抽风设备

（1）检查浴室环境，根据需要的功能选择机器。

（2）选择良好品牌或信誉好的厂商，一分钱一分货。

（3）确认机型零件的维修、获取是否方便，是否采用了特殊安装方式。

（4）确认保质期限与范围。

抽风设备监工与验收

1. 出风口、止风板位置要确定	出风口要接在外面，管道间要做好密闭处理，否则一氧化碳容易渗进室内而有中毒的危险；而止风板的位置要切实就位，不可轻易拆除
2. 注意浴室干燥机的电量负荷	如果选择多功能浴室干燥机，要考虑电线的负荷及控制面板的出孔位置，也要特别注意和水电配置是否相合
3. 若加装视听设备要做好防水	浴室如果要装设电视等设备，要特别注意收边部分以及防水性，以免造成危险

采购卫浴五金配件须知

虽然卫浴的五金配件看起来都很小，不外乎毛巾架、漱口杯、挂钩、三脚挂架与层板等物件，但每一个配件都会影响使用的方便性，浴室配备是否完善，很大一部分是这些配件“小兵立大功”。

五金配件依材质可分为金属、玻璃与亚克力材质，金属还分为不锈钢与铜制品，耐潮、荷重是选购时的两大要点，消费者可以依照卫浴空间的收纳需求，以及个人使用习惯来挑选。

知识加油站

安装配件要做好规划

配件的位置既要使用方便，也须注意动线。

有些工人将毛巾架等层架装在淋浴间内，洗澡时衣服被迫放在淋浴间里，结果洗完澡，衣服也洗过一遍水了，这都是没有做好规划的结果

5 招避免买到黑心卫浴五金

（1）了解材质的耐用性，以及有无特殊的安装方式。

（2）安装的空间是否方便，有无人体工学的考虑。

（3）螺丝结合一定要用防水材质。

（4）注意尺寸、样式、宽度大小是否合适。

（5）注意结合与拆卸是否方便与可靠。

卫浴较潮湿，要选用防水、防锈的五金配件

卫浴五金监工与验收

浴镜	1. 确认是否有除湿功能，控制方式是否灵敏； 2. 注意材质是否具有防潮特性； 3. 安装时检查挂架是否足够支撑镜子的重量
镜台	1. 无论塑胶或玻璃材质，要注意是否有毛边、荷重力是否足够； 2. 如有附属配件如漱口杯架、牙刷架，是否有损坏、缺少； 3. 锁合时要紧密，并注意位置高度，避免施力过大造成材质爆裂
毛巾架	1. 确认荷重的多少与限制； 2. 注意结合点是否有毛边，以免不小心被割伤； 3. 若是电镀处理，要注意是否泛黄或表面处理不均匀，易褪色或剥落； 4. 安装位置是否恰当，会不会挡到门

采购热水器须知

全身疲累时如果可以好好洗个热水澡，是再好不过的放松方式。虽然热水器一般不建议装在浴室内，但它的确是装修浴室时也需要考虑的一个设备。目前热水器普遍分为燃气型热水器和电热水器，而电热水器又分为个人专用的瞬间即热型热水器，以及全家用的大型储水式热水器；此外还有热泵、太阳能、锅炉等多种热水器。

选购热水器前应该考虑使用人员的数量、使用习惯（泡澡多或冲澡多），配置时要考虑水的压力够不够，应事先做好评估。因为冬天燃气中毒事件时有所闻，越来越多家庭选择电热水器。选择电热水器，安装于浴室内一定要有漏电保护装置，否则容易受潮，温度一高就容易漏电；而节能储存式电热水器保温度较高，选购时要留意水的加热速度，如放满1桶热水需用时多久。根据使用习惯，配合定时开关，就可以节能减碳。

知识加油站

蓄热型热水器偶尔要做泄压处理

做泄压处理可以避免发生压力过大而爆炸的意外。而热水器的水温与出水压力有关，如使用后仍觉得热度不够，有时候并非热水器的问题，而是水压不足，遇上这种情形就要添购增压设备，如加压电机

4 招避免买到黑心热水器

（1）是否有标准的检验标识。

（2）有无安全设计。

（3）选择优良厂商或有信誉的商品，注意保质期限及使用注意事项。

（4）零件取得容易与否，日后维修是否方便。

热水器监工与验收

燃气型热水器	1. 对于屋内或室外型，特别要注意现场环境的通风是否良好，有无逆风的情形。 2. 室内外型、公寓式与大楼式，公寓与大楼的燃气出孔径不同，天然气或液化石油气，其接管也会不同，安装前要注意。 3. 燃气进气口的位置锁合要切实密合，要不定时检测，避免燃气外泄。 4. 天然气型与桶装型的液化石油气进口不同，不得交叉替用或使用改装式的器具。 5. 燃气器具一定要由具有专业技能的工人安装。 6. 注意有无防空烧的设计，最好能装设一氧化碳感应器
电热水器	1. 安装前要详细了解供电线路，并注意是否为专用插座电源。 2. 瞬间即热型电热水器必须不定时做进出水检验，安装时要注意有无漏电装置。 3. 进出水如水质不好，要考虑过滤水的情形，并注意出水是否顺畅。 4. 器具安装时，防水与止水配件是否确实安装就位
太阳能热水器	1. 要注意现场安装的环境是否方便施工。 2. 实际产生的能量与效能是否如实，如热度与加热时间。 3. 配管方式在安装前是否有充分的设计与规划。 4. 多了解品牌背景，注意厂商是否具有一定的口碑与技术。 5. 由于靠太阳光集热，属于户外型材质，尽量使用防锈配件如不锈钢。 6. 安装要注意勿破坏房屋结构防水层，组合要可靠，避免大风来袭时受损或被强风吹走。 7. 最好使用整套供出水系统，避免与其他热水器共用

卫浴工程验收清单

浴缸及淋浴拉门检验项目	勘验结果	解决方法	验收通过
1. 浴缸的排水与水龙头配置是否正确			
2. 浴缸底座有无做防水处理及防水粉刷，以杜绝漏水问题			
3. 浴缸边墙支撑强度是否足够，水量过多会产生裂缝而渗水			
4. 确认排水孔排水管有无到位，避免过长或弯曲			
5. 确认浴缸排水系统的功能，有无预留维修孔			
6. 安装按摩浴缸需确认预留电机维修孔			
7. 注意按摩浴缸的电机插座位置距离，并做连接式固定，避免松脱漏电			
8. 切实检查按摩浴缸电源接点，并测试漏电装置的灵敏度			
9. 电机运转是否平顺或有无噪声			
10. 安装要做表面保护措施，避免重物放置或踩踏造成损坏			
11. 订购及进场时间与工时是否确定			
12. 搬运时表面有无碰撞或缺角			
13. 排水量是否与配管口径相符			
14. 检查表面刮伤损毁以及配件确认			
15. 清洁时是否使用有机溶剂擦拭			
16. 泥作浴缸需考量水量载重、浴缸尺寸等问题，排水管与其他器具也应做好预留设计			
17. 淋浴间大面积玻璃要加强支撑			
18. 注意开启方向并预留足够的空间			
19. 确认把手样式与位置以及孔数和孔径大小			
20. 把手与螺钉要切实锁合			
21. 淋浴拉门材质载重是否过重（支撑过重），注意尺寸、水平及止水功效			

22. 淋浴拉门的结合点及轨道润滑平顺，闭门是否有止水功效			
23. 淋浴间留有适当坡度的排水孔			
24. 确认玻璃铝框拉门材质强度，避免单点撞击并做好固定支撑			
25. 注意五金与墙壁的接合是否可靠			

注：验收时于“勘验结果”栏记录，若未符合标准，应由业主、设计师、工组共同商定解决方法，修改后确认没问题，于“验收通过”栏注记。

抽风设备检验项目	勘验结果	解决方法	验收通过
1. 确认出风口并切实做好管道间的密闭处理，避免一氧化碳渗入造成中毒危险			
2. 抽风电机是否有杂音			
3. 多功能浴室干燥机需考量荷电性及控制面板的位置，品牌不同须注意水电配置是否相符			
4. 装设电视需切实注意收边部分及防水性			

注：验收时于“勘验结果”栏记录，若未符合标准，应由业主、设计师、工组共同商定解决方法，修改后确认没问题，于“验收通过”栏注记。

水龙头检验项目	勘验结果	解决方法	验收通过
1. 零件取得与维修都要方便			
2. 确认给水高度并与人体工学相符合			
3. 接头固定方式、安装位置是否正确			
4. 止水带有可靠缠绕			
5. 出水的防护盖要密贴于墙壁			
6. 出水孔滤网勿拔除			
7. 伸缩水管内置的配重器有可靠固定			
8. 感应式水龙头要灵敏			
9. 拉杆锁合不可过松或过紧			

注：验收时于“勘验结果”栏记录，若未符合标准，应由业主、设计师、工组共同商定解决方法，修改后确认没问题，于“验收通过”栏注记。

脸盆及马桶检验项目	勘验结果	解决方法	验收通过
1. 各种卫浴器材的选择在水电图完成前是否做好确认，避免事后改管			
2. 清点安装设备的零件包，确认配件有无遗失或短缺，切实检查零件有无防水、止水功能			
3. 确认所有螺栓材质其荷重性与防锈处理			
4. 卫浴器具确认依照施工图安装到位，各器具均有标准孔径，须依施工规范施工			
5. 安装时是否强力接合与锁合，避免裂缝产生			
6. 进水是否忽大忽小			
7. 安装分离式马桶确认每个接点环节是否可靠，避免产生漏水及维修困难			
8. 固定马桶时底座与地面排水孔是否对正，同时注意瓷砖收边，避免排水不良			
9. 洗脸盆进水系统高度是否按施工图施工			
10. 水龙头使用是否顺畅，开挖地板务必注意此程序（载重问题）			
11. 确认 U 形管配件是否切实到位			
12. 确认水管与壁排水孔是否密实接合与防水，避免进水而发生漏水			
13. 洗脸盆安装时发现有破损、缺角、裂缝立即处理，避免后续损坏或爆炸产生			
14. 确认上、下嵌式脸盆的下底座支撑力是否足够，避免掉落，尤其是下嵌式脸盆			
15. 确认脸盆与台面边缘有无做好防水收边处理			
16. 台面式脸盆底如有收纳柜，选择具防水材质或接合点做好防水处理			
17. 确认脸盆水龙头的进水位置与尺寸、样式			

注：验收时于“勘验结果”栏记录，若未符合标准，应由业主、设计师、工组共同商定解决方法，修改后确认没问题，于“验收通过”栏注记。

卫浴配件检验项目	勘验结果	解决方法	验收通过
1. 安装前要注意耐用性，确认配件安装位置			
2. 浴镜的材质是否防潮，挂架支撑力是否足够			
3. 毛巾架若为金属材质注意不可过薄，若过薄则容易变形			
4. 接合点不可有毛边，否则会造成割伤			
5. 表面电镀处理是否均匀			
6. 镜台锁合时要紧密			
7. 螺丝结合一定要用防水材质			

注: 验收时于“勘验结果”栏记录，若未符合标准，应由业主、设计师、工组共同商定解决方法，修改后确认没问题，于“验收通过”栏注记。

热水器检验项目	勘验结果	解决方法	验收通过
1. 屋内型热水器要注意现场环境的通风是否良好			
2. 燃气蓄热型购买前要确定容量			
3. 电热炉热水器安装前要详细了解供电路径并确认有专用插座电源			
4. 室内型燃气热水器要注意排风的方式，有无防空烧的设计			
5. 燃气进气口的位置锁合时要可靠密合			
6. 确认安装人员具备专业技能			
7. 电池底座要密闭			
8. 燃气蓄热型的热水器热排风口的方向要正确，否则会产生一氧化碳			
9. 机体的安装是否牢靠且结构固定			
10. 电热炉热水器若为瞬间即热型要不定时做进出水检验，安装时注意有无漏电装置			
11. 器具安装时，防水与止水配件是否切实安装就位			
12. 太阳能型热水器要注意安装方式，不可破坏防水层			

注: 验收时于“勘验结果”栏记录，若未符合标准，应由业主、设计师、工组共同商定解决方法，修改后确认没问题，于“验收通过”栏注记。

施工前 拆除 泥作 水 电 空调 厨房 卫浴 **木作** 油漆 金属 装饰

▲

Chapter 09

木作工程

木作的好处，是能依照实际空间条件做整体配置，配合色系、预算量身打造。

木制工程在房屋的装修中占了相当大的比例，从地板的安装到柜子的定做，都与之脱不了关系，本章将分析天花板、地板、墙壁及柜子等工法，同时提供关于选择材料、装修的注意事项，并加上越来越受欢迎的系统柜监工说明，供读者参考。

工地曾经出现白蚁，还适合做木工装修吗？只要在开工时做好三阶段除虫工作，还是可以进行木作工程的：①该拆除的东西拆除完毕；②龙骨板料进入现场后要喷洒药剂；③油漆前记得再除虫一次。但要注意的是，这些工作都应列入施工款项内，且每隔 3 ~ 5 年也要不定时除虫。

项目	☑必做项目	注意事项
认识板材	1. 依照使用位置与设计，选用强度与性质适合的板材； 2. 潮湿空间板材要做防潮处理，收边也要仔细	1. 选择板材务必注意甲醛含量和除虫； 2. 表面装饰用板材，要注意保护好表面
天花板	1. 天花板材要符合相关法规的规定； 2. 天花板要预留灯具等线路的出线孔和维修孔	1. 主灯区要多用角料，强化支撑度； 2. 要考虑做完天花板后的空间高度，是否会过低而产生压迫感
壁面	1. 如为隔间式壁面，板材要选用有防火阻燃功能的产品； 2. 壁板内若填充吸音材料，需注意防火性	1. 镶嵌装饰材料，要注意尺寸和收边的美观度； 2. 设计结构式壁板窗台时，要注意防水性
木地板	1. 架高地板的补强要够； 2. 地板下有管线的话必须做注记	1. 木地板若做架高设计，可做收纳空间，但需注意尺寸； 2. 铺设木地板，必须加防潮布
柜体	如遇柜体结合处，需用螺丝钉加强接合力	1. 层板要注意跨距和承重； 2. 木作柜、系统柜没有绝对的好坏

木作工程常见纠纷

（1）到工地观看木作柜的施工，结果钉子都刺出板材了，看起来好丑。（如何避免，见 174 页）

（2）工组没照图面先放样再施工，结果出来的造型和预想的差别太大。（如何避免，见 180 页）

（3）木地板铺完踩起来有声音，感觉也不太平，超不开心。（如何避免，见 188 页）

（4）询问做木工的亲戚报价，请他来做才说高柜、矮柜有价差。（如何避免，见 194 页）

（5）系统柜广告是一回事，实际做下去报价又是一回事。（如何避免，见 196 页）

Part 1

认识板材

黄金准则：基材要能承重并注意甲醛含量，装饰板材要注意表面加工。

早知道，免后悔

做木工也要用到钢筋混凝土结构的植筋法？没错！别以为木工只是在木材上钉几根钉子就行了，从天花板、地板的安装，到墙壁、柜子的定做，几乎都与木工息息相关。虽然木作工程如果做不好，大不了拆除重做，没有泥作工程那么麻烦，但也是劳民伤财，如果可以在木作工程开始前做好功课，施工时谨慎选材、监工，就不必走太多冤枉路。

木作工程价差很大，除了因为木工没有一定的标准可以当作价格指标外，最大的原因在于材料的好坏，一分钱一分货的道理在木作工程中绝对是不变的准则。因此，我们有必要先好好认识一下板材，如此在木作工程中才不会做冤大头被敲竹杠。

板材指的是从最早的实木板到后来的加工板（木芯板、夹板等），表面经处理即具有装饰性的加工皮板，由于环保需求与科技的发展，现在更陆陆续续增加各种复合性的板材，包括塑合板、硅酸钙板、氧化镁板等。板材可互换，例如结构型板材可以当作装饰材，有多样化选择，可运用在不同的空间。相对地，如何使用都靠经验，没有统一性工法，做得好不好纯粹看工人功力高低。

装修常用7种板材

1 实木板材
依取材木种而不同。

▶▶

2 密集板
也有雕刻板。

▶▶

3 龙骨
分实木与积成两种。

▶▶

老师建议

有隔间性的天花板和壁板，要选用阻燃、防火的板材，比较安全。

板材种类 1：实木板材

单一树种的树所取得的板材，因加工有不同的切割方式，形成直纹或曲花的纹路。树种物以稀为贵，坊间有许多仿冒品，采购时可在施工现场抽验材料，以剖面检验或用水浸泡的方式检验。板材一般用于壁板造型、柜面造型或实木地板，也可用于天花板造型。

实木板材要注意吸水率与膨胀系数，吸水率越高越容易膨胀，越容易产生高低差，所以要先看说明，知道膨胀比是多少，如 1/100 为 100 厘米面会膨胀 1 厘米，就可作为板与板预留缝隙的参考。

5 招避免买到黑心实木板材

（1）确认树种是否与工地的环境相符合，如吸水率、膨胀系数与干燥比等。

（2）表面不应该有过多的蛀孔、树结色以及裂纹、枯木面，否则可要求退换货。

（3）若需染色处理须检查色差。

（4）以剖面检验板材品质。

（5）事先确认厚宽尺寸。

实木板材监工与验收

1. 检查加工面	检查实木板材的加工面是否压合密实
2. 做防潮处理	在较潮湿空间施工，板材表面要做好防潮处理，如防水涂装。木地板要注意地、壁的反潮问题
3. 保护好表面	避免刮伤以及污渍附着而造成表面不同的伤害
4. 要注意清洁	避免使用有机溶剂清洁，若表面涂装亮光漆的板材，小心有机溶剂侵蚀表面

4 线板

分木质与塑胶两种。

▶▶

5 夹板

▶▶

6 木芯板

▶▶

7 密集板

大陆型气候板材、海岛型板材。

板材种类 2：密集板

密集板指的是高密度聚合的纸浆或木浆板，表面均匀密实，本身具有一定重量。因为密度高，因此多运用在雕刻板上，也可依不同的风格进行上色处理。如果没有做防水处理，则容易受潮。适用于室内，避免使用于户外，适合做不同的倒角处理，或用于橱柜、门板，以及墙面装饰，不适合用于隔间。

密集板做成的雕刻花样或图式，很容易积压灰尘，其实处理方式很简单，利用吸尘器吸尘清洁即可。

6 招避免买到黑心密集板

（1）确定尺寸大小。
（2）边缘是否有缺角。
（3）避免有纹路型的裂缝。
（4）注意订购的时间点及库存问题。
（5）板材厚度可否与其他材料混用。
（6）表面有无过度粗糙情况。

密集板监工与验收

1. 粘贴步骤要切实	密集板或雕刻板的着钉力比较差，粘贴必须可靠，要注意胶剂是否均匀
2. 补强钉头不可大	可使用钉合方式结合补强，但要注意钉头不可过大，以免影响美观
3. 不可有变形缺角	避免边缘敲击造成破损、缺角，现场要注意板子是否有变形、缺角、翘曲、裂纹等情况
4. 计算厚度与铰链	用作柜子门板时，须注意厚度与所用的铰链可否配合
5. 修除倒角的毛边	如需做倒角处理，要注意是否出现毛边，需用砂纸打磨，如有拼花要对好纹路
6. 慎选收边的贴皮	如需做收边处理，慎选贴皮材质，以方便涂装
7. 把手安装须平整	安装把手时，要注意板面安装的方便性以及平整性

板材种类 3：龙骨

大多用作门框、窗框或是天花板及地板的结构支撑材，本身材质分为实木龙骨及积成龙骨，一般龙骨分为 3.05 厘米 ×2.54 厘米以及 4.57 厘米 ×2.54 厘米，长度有 2 米、2.67 米和 4 米，视需要量身定制。一般施工时，最好将龙骨配合 2 块 1.2 厘米 ×1.9 厘米夹板，其特性为不容易变形，同时也是比较环保的材料。

适用场所包含门框、窗框，或天花板与地板的结构支撑材，以及壁面的底架。若使用积成龙骨，可适当地施压，观察积成龙骨变形的情形，也可拿不同积成龙骨测重量，产地不同，重量也有不同，一般是越重越好。

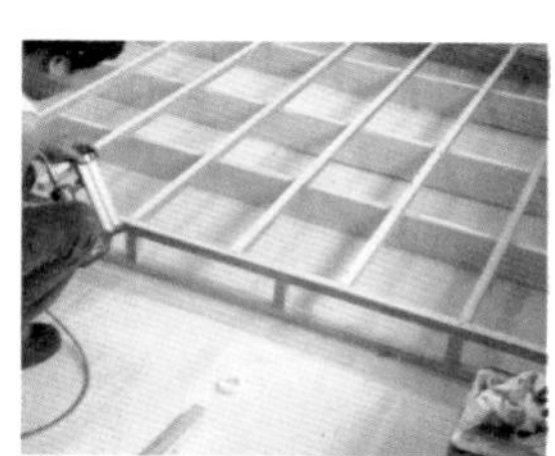

龙骨也可用作地板架高的支撑材

注：常见龙骨尺寸为 1.22 米 ×2.44 米。

5 招避免买到黑心龙骨

（1）表面过度潮湿，建议不要验收使用。

（2）不可过度弯曲或厚度过大。

（3）实木龙骨不用有蛀孔、黑斑的产品。

（4）实木龙骨要做防虫（白蚁）处理并提供证明，若无，进场前最好先做虫害防治。

（5）检查积成龙骨侧面，层数愈多愈好。

龙骨监工与验收

1. 依工法选尺寸	因工法不同慎选尺寸，如天壁板常用 3.05 厘米 ×2.54 厘米，地面常用 4.57 厘米 ×2.54 厘米，而地板可视高度与工法需要调整材料尺寸
2. 避免现场潮湿	工地现场避免过度潮湿，否则材料易发生变形或爆材的情况
3. 慎选结合方式	实木龙骨可选择钉式或嵌式，积成龙骨的打钉子方式着力要正确，横式板面的角度也需要注意以 45 度以上入钉，结合力才够
4. 底漆紧密结合	表面如需涂装，要注意底漆结合方式是否密合，积成龙骨要注意板与板之间是否会松脱
5. 龙骨间距确实	架高地板可选择实木龙骨，每个龙骨的间距要确实，以免长期使用时造成地板变形或出现噪声

板材种类 4：线板

多用于做内角或表面形的特殊风格，如巴洛克风格、乡村风格等的特殊建材，材质分为 PU 型、PU 表面涂装型、实木型以及密集板型，在使用时可达到画龙点睛的效果，但施工上相对也会增加成本。

适用场所：大部分用于天花板与壁面的转角点，或壁面整体造型、衣柜门板的整体修饰，以及台面边角的修饰处理，基本上可依需求做各式应用。

线板监工与验收

1. 钉头不应外露	若使用钉合方式，要注意着钉是否容易，钉头是否外露
2. 凹凸角要接好	接合处的凹角、凸角要衔接好，也要注意对花
3. 上漆色彩一致	注意表面是否有刮伤、色泽是否一致
4. 收边结合确实	用作收边的线板，无论钉合、胶合都要确实
5. 修平方便施工	注意施工壁面是否过度凹凸，要先修平再施工
6. 塑胶要防受热	塑胶线板（PU 线板）要避免受热，否则容易变形

4 招避免买到黑心线板

（1）实木线板价格高，慎选。

（2）注意长宽、颜色以及斜度。

（3）预备耗材并确定可否退货。

（4）不可有缺角或破损。

板材种类 5：夹板

将整棵树剖或削成不同厚度的木皮，再做交叉性贴合成为夹板，可做成多种厚度，应用在各种空间。由于属于交叉纹路，承受力、抗压力等都较好，也可用在地板等承重面。与木芯板最大的不同，在于木芯板的板芯用的是实木，而夹板从侧面可明显看到属于多层次龙骨。同一个尺寸，奇数层次越多，夹板的抗压性与着钉力越好。多用于天花板、壁板底材，柜体也可使用，但成本较高。

天花板和壁面使用的板材厚薄有别，一般做天花板不要使用太厚的板子，6 毫米以下即可；若要做壁板的底材，则选购 9 毫米以上的，可在底面贴皮，如实木皮、人造皮、PVC、玻璃与金属、美耐板，并注意防潮处理。

4 招避免买到黑心夹板

（1）选择抗压性较好的材料。

（2）确定皮面的纹路及色泽。

（3）注意厚薄是否不一。

（4）表面不应有刮痕、污渍。

地板的厚度需 12 毫米以上，作为壁材的夹板只要 9 毫米以上即可

夹板监工与验收

1. 薄夹板小心钉合	薄的夹板需慎选结合方式（贴、钉、嵌），钉子的选择也很重要，如 6 毫米以下要选择双脚式（骑马钉）钉材，注意避免出钉、爆材
2. 黏着白胶加强支撑	夹板结合时要使用白胶黏着加强支撑，并预留 5 毫米以上的伸缩缝
3. 装饰板结合密实	检查装饰板的结合面是否密实，特别是贴的时候要注意胶凝固的时间
4. 板材横置勿立放	收料后，板材要横置不要立放，涂装类装饰材料避免碰到水、油等，以免造成翘曲
5. 户外材料做记号	户外用与室内用的不同，户外的使用防潮板，一般在侧面做涂料记号，方便辨别

板材种类 6：木芯板

把一棵树剖成条状，经过排列组合成一块板材之后，上下使用薄皮使其固定成为夹板，因为中间是实木材质，故称为木芯夹板。木芯板的产地不同，不同的树种，稳定性也不同，可分为一级、二级。木条与木条间非常密合，无缝隙或缝隙较少的产品属于一级；而缝隙较大的则属于二级。也有人将木芯板分为树心材或树边材，硬度、结合力以及价位都有所不同。

木芯板一般用于柜体的柜身、柜内的隔板、地板的底材。一般运用在柜体的厚度以18毫米为主，尺寸有1.33米×2.66米、0.67米×2.66米，也有特殊尺寸，不过都需定制。

一般用在柜体的木芯板厚度以 18 毫米为主

板材种类 7：塑合板

属于国外开发的环保建材，在计划性地种植、砍伐树木后，整株树木经过打碎、烘干、置入结合胶剂，再经高压裁切，用于橱柜、隔间、包装用材甚至于军事方面，近来系统家具、厨具也广泛使用。塑合板可分为大陆型气候板材、海岛型气候板材。大陆型气候适合干燥的板材，海岛型气候板材是在板内加入防潮剂，避免材料受潮性的膨胀与变形。

塑合板高密度与低密度的板材的区别如下：

低密度板材（V20、80）： 表面贴皮有板、皮、纸等不同种类，板材厚度 1 毫米以上，皮类为 0.3 ~ 0.6 毫米，纸类则是 0.3 毫米以下，要注意其耐磨系数（单位为“转”，例如 3000 ~ 10 000 转）；质量轻，适合作为不同材质的包装。

4 招避免买到黑心木芯板

（1）检查表面有无损伤。

（2）要提供防虫防火证明。

（3）确定尺寸及厚度是否属实。

（4）搬运不便时可否先裁成适合大小。

木芯板监工与验收

1. 确认贴皮面数	单面一般用于板面有接触到墙壁的场合，双面则多使用在隔板、隔间
2. 上漆注意纹路	若表面属于加工贴皮式的天然实木皮或人造实木皮则需要涂装，注意木纹的纹路与颜色要统一，特别是染色的面与封边，防止出现色差问题
3. 内外材质一致	柜内与柜外的材质最好一致，否则容易有色差
4. 慎选胶合方式	尤其是不织布皮等各种实木皮面，若需要染色，尽量避免用强力胶贴合，以免甲苯、有机溶剂造成分解性的气泡与脱落
5. 勿选甲醛板料	注意甲醛含量超标会影响健康，应慎选板料、皮面、贴合胶，可嗅一下看看有没有刺鼻味
6. 勿放置于受潮处	放置板材时要避免受潮，使用前先检查是否有翘曲情形

高密度板材（V100、120）： 板材有各种不同厚度，常用的有 6 ~ 30 毫米，因不同空间或橱柜所需的承受力来决定厚度；结构的接合力、承受力、 载重力较好，不易变形或弯曲。

5 招避免买到黑心塑合板

（1）要有防水证明。

（2）检查板材侧面密度是否扎实。

（3）检查侧面封边有无毛边或翘曲。

（4）检查表面有无破皮、刮损或是凹痕。

（5）要有完整包装。

塑合板监工与验收

1. 封边贴胶要可靠	塑合板在表面均有做修饰材面的处理，在做柜面时，必须注意板与板之间的封边是否切实做好，最好使用原厂热融胶封边
2. 慎选刀具及转速	使用塑合板时要慎选刀具以及机器的转速（如刀具牙要细，电机转速要快），以避免裁割时造成表面皮剥落
3. 避免直锁式结合	板与板结合，避免使用螺丝直锁式的强力结合，否则易造成板料的物理性破坏
4. KD 转盘注意承重	塑合板最常用 KD 转盘，利用旋转拉钉的原理方便拆卸，但应注意承重力要够，孔距要对称
5. 木插加强接合力	若采用对锁式螺纹（即 T 形螺纹），注意孔径要对合；使用面积较大的板材（如衣柜深度 60 厘米），最好加上木插补助接合力
6. 再次确认设计图	施工前再三确认设计师及施工单位都对图面很清楚，以避免重复拆卸、组装、裁切

工程验收清单

检验项目	勘验结果	解决方法	验收通过
1. 避免纹路的不均匀及边角的破损			
2. 因易受潮的特性，勿用于室外			
3. 不可用于结构体			
4. 粘贴步骤要切实			
5. 倒角后不可有毛边出现			

6. 实木型雕刻板确认无纹路型的裂缝			
7. 板子是否有变形，如缺角、翘曲、裂纹			
8. 拼花切实对好纹路，没有错位情形			
9. 收边处理要慎选材质，涂装会较顺利			
10. 室外型或是潮湿空间表面要做好防水涂装处理			

实木龙骨工程验收清单

检验项目	勘验结果	解决方法	验收通过
1. 实木龙骨表面有无过度潮湿			
2. 实木龙骨本身有无过度弯曲			
3. 实木龙骨因工法不同慎选尺寸			
4. 地板可视高度与工法调整实木龙骨材料、尺寸			
5. 实木龙骨进场前最好做虫害防治			

积成龙骨工程验收清单

检验项目	勘验结果	解决方法	验收通过
1. 板与板之间是否有松脱情形			
2. 材料有板脱的情况则避免使用			
3. 积成龙骨密度要扎实、层数要够			
4. 避免用于容易受潮的空间，否则材料易爆材			
5. 避免使用架高地板式龙骨			

线板工程验收清单

检验项目	勘验结果	解决方法	验收通过
1. 选择时要注意长度、宽度以及斜度			
2. 表面有涂装的材质或色泽切实一致			
3. 购买的产品存货确认足够			
4. 施工时钉合密实、钉头没有外露			
5. 线板本身的花样要对接，切实对齐			
6. 已涂装的线板表面无刮伤，色泽一致			
7. 塑胶线板避免使用在易受热处			
8. 线板角与角之间须确认是否做好密合的工作，避免离口、纹路不相称等			
9. 线板着钉的钉孔要可靠（是否过大），钉头在不影响纹路的情况下用钉冲把钉子送入			
10. 线板确认阴阳角，要注意对角点，避免有破口不对称角			

夹板工程验收清单

检验项目	勘验结果	解决方法	验收通过
1. 边角是否有过度撞击			
2. 装饰板的结合面牢靠			
3. 薄的夹板要慎选结合方式			

4. 壁面材料需以 9 毫米以上规格作为底材			
5. 避免出钉、爆材			
6. 板材结合时要使用白胶黏着加强支撑			
7. 修饰板类要注意纹路与色泽			
8. 贴附时结合要切实压合			
9. 避免高甲醛含量的产品			
10. 户外与室内用的夹板不同，确认没有误用			

木芯板工程验收清单

检验项目	勘验结果	解决方法	验收通过
1. 如有经过特殊处理，需注意相关的辨识方式与证明			
2. 边缘不可破损、缺角			
3. 加工贴皮式的天然实木皮或人造实木皮需要涂装			
4. 封面胶合方式尽量避免用强力胶贴合			

密集板工程验收清单

检验项目	勘验结果	解决方法	验收通过
1. 材质是否具有防水证明			
2. 五金铰链是否可承受荷重			
3. 柜体的主要结合方式是否方便拆卸			
4. 侧面的封边是否有毛边或过薄			
5. 皮的封边是否有翘曲			
6.T 形螺纹孔径要对合			

Part 2

天花板

黄金准则：如有吊灯、吊扇等较重的吊挂物，要额外加大支撑力。

早知道，免后悔

近年来，由于木作天花板的价格较为昂贵，渐渐被轻钢架天花板取代，但讲究的家庭还是偏爱木作天花板，因其可以量身定做出个人喜欢的风格。有些木作天花板容易有裂缝，主要由于不同材质的板材膨胀系数不同，如果没有经验的工人在结合处没有预留伸缩缝，当气候湿度变化过大时就容易产生裂缝。

天花板施工时可选用木头、金属、塑胶等不同龙骨，而顺应场所不同也有不同面材，例如浴室要求防水性，室外要求抗风，就可以用金属条板、PVC 板等结合，而工法分为明架及暗架工法，早已脱离单纯使用木板材的范围了。

天花板也有修饰梁柱的功能

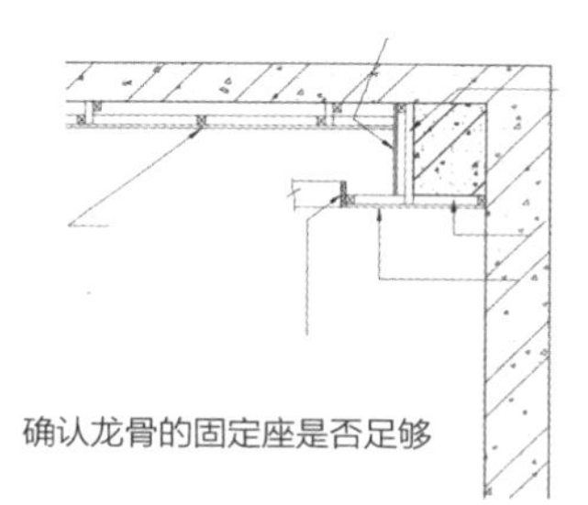

确认龙骨的固定座是否足够

常见天花板形式

1 平钉天花板 ▶▶ 2 局部修饰天花板 ▶▶ 3 造型天花板

老师建议

天花板通常会包覆修饰照明、空调、消防、音响等管线，要留意下降后的高度，避免完工后空间让人有压迫感。

将骨架暗藏于后，结合板料如硅酸钙板、氧化镁板或金属等锁合，达到平整的效果，由于看不到骨架，只见天花板，所以称为“暗架施工法”。木作天花板施工时，要注意以下几点：

1. 确认品牌、产地、尺寸及检验标准

板料送达时，首先一定要核对品牌、产地、尺寸及检验标准，尤其是甲醛含量，并且确认骨架的材质、颜色等是否与当初开立的规格相同，并再一次确认图面施工说明。

2. 确认骨架及板材是否能做特殊造型

有些天花板需做特殊造型，如抛物线、波浪形，要注意材料是否适合施工。

3. 置入的板料应符合消防法规的规定

在使用前要注意所使用的空间是否有受到法规的规范，骨架所必须置入的板料如硅酸钙板、氧化镁板、玻璃、木板与金属等材料，是否符合消防法规的规定。

4. 确认卡榫设计方便使用

为施工方便，暗架多半有卡榫设计，因此要确认支撑暗架上附有卡榫，是否可直接与暗主架卡合及定位，组合拆卸容不容易。

5. 板材须提供防火检验证明

若发生火灾，天花板是延烧通道，故使用的板材要经过防火、阻燃检验，并可提出检验证明的材质，以确保居家安全。

6. 潮湿空间应用防锈钉

在潮湿空间施工如浴室、厨房，其钉合材质最好经过防锈涂装或使用不锈钢螺钉。

7. 注意骨架间距和螺丝锁合

须确认现场的骨架间距是否合适，并参照图面再次确认。锁合的螺钉与间距要符合要求，避免间距过大与出钉的情况。

8. 预留维修孔，板与板要留伸缩缝

每个空间都要预留适当的维修孔。板与板之间要留适当的缝隙或间距，方便做伸缩缝与涂装填充处理，一般要留 3 ~ 5 毫米。

9. 确认水电管线已就位

施工前要确认水电等管线是否都已就位，并要预留适当的高度，以方便维修。

10. 造型天花板收边应平整

如果做层次性的造型，要注意收边是否平整，或方便与其他工项结合。施工时检查边条与墙壁的结合力是否足够、牢靠。

室外天花板必须使用不锈钢

天花板与柜子上方收边

天花板监工与验收

1. 确认管线已就位	定做天花板时确定管线已全部铺设完毕，也要确定没有漏水现象，再检测与地板的完成面高度
2. 美化预留维修孔	预留的空调、排水管维修孔，可以做适当的配置及美化
3. 与楼板接合密实	由于天花板楼板的水泥标号比较高，一定要密实结合，以免发生天花板下沉，造成离缝与裂缝的情况
4. 板材离缝做补泥子	板与板料间要做好离缝，留出 6 ~ 9 毫米的间距，以方便作涂装的填装补泥子，并可避免裂缝产生
5. 避免间照灯外露	设计间接照明时，避免开口过大或过小，以免灯管外露或者照度不够
6. 主灯区多用龙骨	有主灯区的天花板要多用龙骨，以加强支撑力
7. 选用防水材质零件	最好选用不锈钢钉或铜钉的防水材质零件，避免生锈影响整体美感，钉头要切实入钉，避免钉头外露
8. 钉子长度为板厚的 2.5 倍	假设板子厚度为 1 厘米，钉子就需要 2 ~ 2.5 厘米的长度，才能有较好的结合力，原则上以不出钉为准
9. 考虑施作后水平	消防部分的洒水管线以及梁的水平高度，还有平面配置后家具的排列与高度比例等，都要事先考虑清楚

天花板工程验收清单

检验项目	勘验结果	解决方法	验收通过
1. 确认管线是否全部完工并铺设完毕，如空调机管线			
2. 确认天花板无漏水现象			
3. 确认地板完成面的高度不会影响柜高、门高，若会影响要即时反映与修改			
4. 确认有无预留空调、排水管等维修孔，可做适当配置及美化			
5. 天花板与钢筋混凝土天花板接合固定料要密实结合，避免天花板下沉产生裂缝			
6. 板材接合处有无离缝，留出 6 ~ 9 毫米间距，方便补泥子、刮泥子，避免裂缝产生			
7. 间接照明开口大小是否适当，避免灯管外露或照度不足而破坏美感			
8. 有主灯的天花板要多使用龙骨，避免天花板支撑力不足			
9. 弧形天花板要注意弧度是否平顺，以免影响后续涂装的打底施工与美感			
10. 潮湿地区的天花板是否使用防水性的不锈钢钉，避免生锈影响整体感			
11. 天花板的钉子钉头是否切实入钉，钉头不可外露			
12. 被钉物与钉子的比例适当，以不出钉为施工原则			

Part 3

壁面

黄金准则： 壁面若有电路配置，要预留走线和维修的空间。

早知道，免后悔

木质隔间是以往较常使用的隔间方式，但因现在大片木头的获得较为困难，且价格较贵，所以现在多用轻钢架隔间取代。或在塑胶板上贴上木贴皮，也有木质隔间的效果，但缺少木板的木头香气。一般而言，常用的木质隔间，多以龙骨为基础，结合不同的板类，如夹板、木芯板或加工皮板、硅酸钙板、氧化镁板以及水泥板等，具有表面修饰性功能，因此木质隔间现在大部分运用在特殊的壁面造型塑造，或结合门做隐藏式墙面的设计。木质隔间的隔音效果不佳，因此若需要做隔音效果的话，必须额外处理。

以木板做隔间、壁面，都必须考虑墙壁受潮与否，有无漏水点，结合时要注意内部管线位置，而轻隔间墙则要考虑结合力与承重力，慎选胶合的方式。一般墙壁施工都从架龙骨开始，也有人使用木芯板当龙骨，再依序做出层次。在施工前必须与设计师做沟通评估，例如若用文化石做壁面板，底材要选用哪一种？夹板、硅酸钙板，还是水泥板？如何结合底板与面板？针对装饰材料要多方考虑底板的各项条件。

除了考虑基本装饰材料外，墙壁要不要挂置重物？若有壁挂电视或画作，则要加强支撑力，如果确定无法过度承受，就可考虑用收纳柜来补强支撑力。此外，壁面若要装

壁面木作的种类

1 直钉式壁板

对处理过漏水壁癌或严重凹凸不平的墙面，可使用该种工法。

▶▶

2 窗框

同直钉式，但空间更加平整或做明管配线时使用该工法。

老师建议

木作隔间的隔音性较差，现在多以轻钢架隔间取代。

设照明设计，那就还要再考虑线路配置与安装、配电、出口、插座等问题，最好的方法是画个简图或施工图，明确标示。

避免选用黑心壁面的验货法则

（1）以实木龙骨为佳。

注意龙骨基材的选择，实木龙骨较佳。

（2）应做防火及防虫处理。

有无消防安全的考虑，以及是否有做防虫处理。若有必要，应请厂商提出相关证明文件。

（3）注意结合方式及适用的钉子类型。

图面说明应清楚载明结合方式，并注意应用的钉子的种类。

（4）如有线路必须做适当配置。

（5）使用吸音材必须注意防火。

（6）注意边角收边方式，如线板、贴皮。

（7）装饰板如采用有缝的设计，注意尺寸、收边、打底。

（8）如有镶嵌其他建材必须注意其规格、尺寸、工法。

壁面木工，在悬挂电视机的位置注意加强支撑

木工的每一处龙骨或板材的接合，都要使用电钻封扣好

3 窗架

▶▶ 大多用于床头、沙发背墙、电视墙或其他做造型的空间，内可配线，照明可做多层式设计。

4 玻璃

于壁面结构中加入吸音、减振的填充物，但必须注意防火性，可做复层式设计，达到吸音效果。

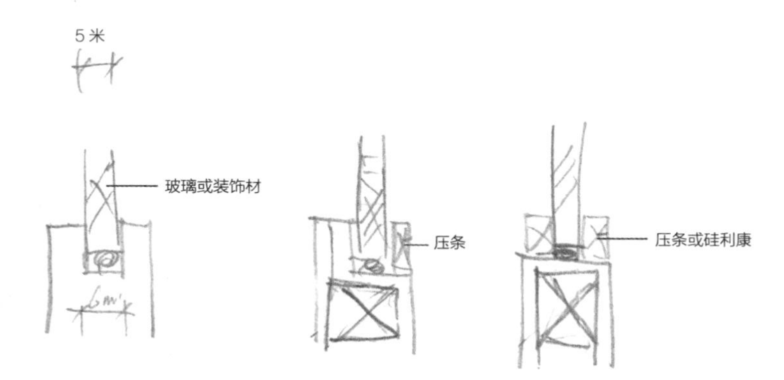

镶嵌式安装工法建议图

木作壁面监工与验收

1. 注明放样尺寸	图面要注明放样的尺寸，放样要确认，如开口部位、门窗高度要准确，避免二次修改的情况，龙骨的间距与支撑也最好事先以图面说明
2. 注意天地壁结合	包括板类与龙骨的结合方式，贴合或钉合是否牢固，必要时使用植筋工法
3. 管线做套管处理	要仔细确认管线的配置图，并要求施工单位做好套管处理
4. 壁面勿过度负重	建议木质隔间不要过度载重，例如 0.95 厘米夹板载重最好不要超过 20 千克，以免无法负荷
5. 确认隔音填充材质	如做隔音处理，要确定隔音填充材质是否与图面说明相符合
6. 最好预留伸缩缝	如果表面装饰有加工皮革与壁纸、涂装，要事先做好确认，并预留 3 ~ 5 毫米的伸缩缝
7. 开口不应有裂缝	当木质隔间必须设门窗时，由于开关之间容易因摩擦产生裂缝，应做加强处理
8. 避免装设于受潮处	木质墙面最怕蛀虫及潮湿，浴室或厨房隔间不建议施作

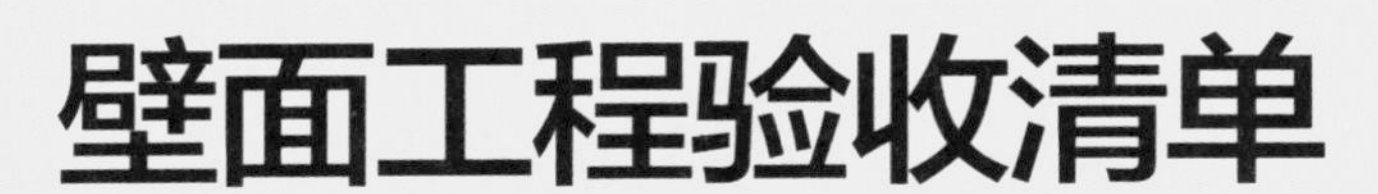

壁面工程验收清单

检验项目	勘验结果	解决方法	验收通过
1. 实木龙骨是否做防虫处理			
2. 图面要注明放样的尺寸，放样时要确认，可避免二次修改			
3. 天地壁的钉合是否可靠			
4. 防火、防虫材质具有相关的证明文件			
5. 板类与龙骨的结合方式牢固可靠			
6. 仔细确认管线的配置图			
7. 壁面有载重时，龙骨置入的荷重是否足够支撑			
8. 开挖门窗已确认所有的尺寸无误			
9. 表面装饰有加工皮板与壁纸、涂装，事先做好确认			
10. 线板收边要确认纹路、尺寸等项目，会影响价格			
11. 实木线板在同一施工面内是否使用相同色样与纹路			

注：验收时于“勘验结果”栏记录，若未符合标准，应由业主、设计师、工组共同商定解决方法，修改后确认没问题，于“验收通过”栏注记。

Part 4

木地板

黄金准则： 可顺着原始结构面铺设或用龙骨做水平修正。

早知道，免后悔

辨别实木的方法很简单，一般实木会有一定的重量，同时也可注意木纹纹路在正、反面与侧面都会有一定的连贯性。如果是染色木，色泽看起来会较为死板，且没有木头香味。

木地板因为质感温和，很受消费者欢迎，一般木地板分为天然与人造的两种材质，但天然地板材质近年因数量与环保问题，加上价格不便宜，已渐渐被人造加工板替代。如海岛地板、铭木地板、竹地板与超耐磨地板等，其效果与实木地板不相上下，且因新技术的研发及应用，许多功能甚至比实木地板还要好。

材料运用时，要注意树种的吸水率和膨胀系数与当地湿度的关系，潮湿对实木地板影响最大，对加工型地板影响则较小。施工结合方式也与吸水率、膨胀系数及湿度有关，即使是户外楼梯踏板、南方松木地板也要留意。

直铺式地板、架高式地板

直铺式又称为平铺式，可分为下底板或者不下底板（即固定式或活动式直铺）。固定式的直铺为先下底板再下地板面材；活动式的直铺则是不下底板，但在考虑地面平整之后可直接施工或自行铺设。

架高地板则是因为考虑地面使用的不同情况比如水平度或者线管问题，可做高度区隔，底下会放置适当高度的实木龙骨，需注意的是此法成本较高，或影响整体空间的高度。

常见木地板工法

1 架高式地板

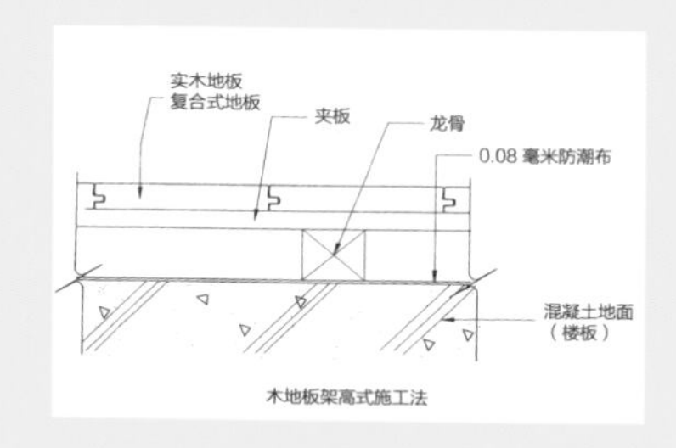

木地板架高式施工法

2 直铺式活动地板

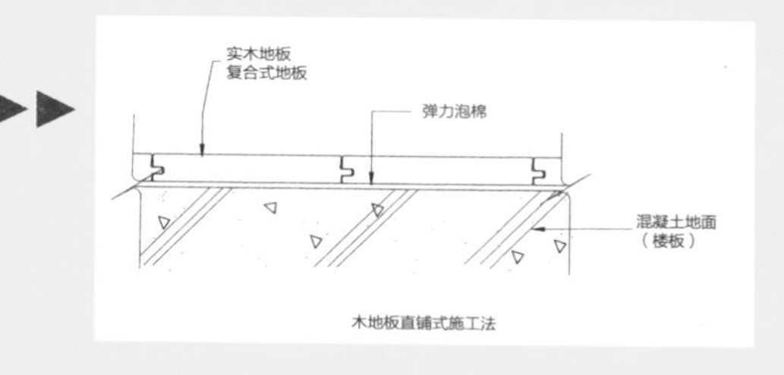

木地板直铺式施工法

老师建议

木地板踩起来有声响，多半是材料结合力不够，做完龙骨、底板、面材要进行阶段性检查，逐项确认。

木地板施工完，先试着走走看，如果有声响则需重新校正

认识木地板种类

木地板属于天然材质，粗略分为整块实木型以及海岛型木地板，而户外使用的木材与室内功能不同，大多经过防腐处理。一般而言，每一类的木地板又可依照木种、样式而有不同的款式。由于木种多样，所以木地板也有不同的特性。除了依木种能呈现出不同的质感外，木地板的纹样与颜色也为消费者提供了丰富的选择。

由于低楼层较为潮湿，实木地板虽然质感较佳，但抗潮性差始终为其缺点。因此，目前在市面上较多见的为海岛型木地板。海岛型木地板的市场占有率在木地板市场中约占有六成，价格较实木地板便宜，抗潮性佳也特别适合潮湿的气候。就海岛型木地板近年的发展而言，除了有多样化的纹路样式，日本与欧洲进口的海岛型木地板也分别因特别着重建材的环保特性，以及发展出特殊的尺寸而与大部分的木地板有所不同。

至于户外使用的木地板木种以南方松居多，不过近年也出现了新的户外材“塑合木”，它有效地去除了天然木材的缺陷，除了具有天然木材的质感与木纹外，同时也具有防水、防腐、防焰等特性。两种木地板都可广为使用，在商业空间也常见到。

3 直铺式固定地板

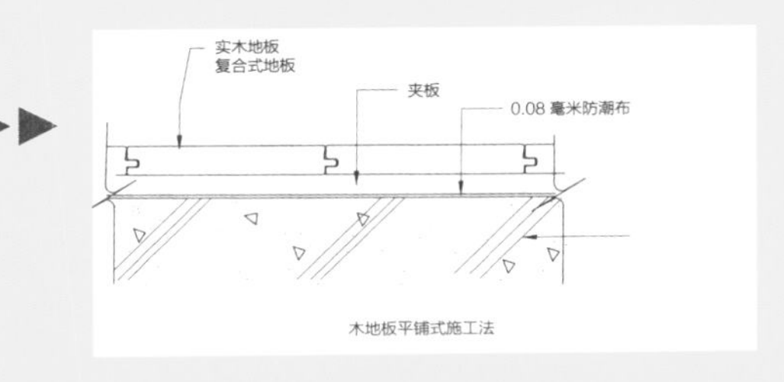

木地板平铺式施工法

4 功能性架高地板

一般木地板与地板之间的空间，可作为收纳或其他功能性使用，如升降木桌储藏柜

各式木质地板比一比

类别	特色	优点	缺点	适用区域
实木地板	1.由整块原木裁切而成； 2.能调节温度与湿度； 3.拥有天然的树木纹理，视感与触感佳； 4.散发原木的天然香气	1.没有人工胶料或化学物质，只有天然的原木馨香，让室内空气更怡人； 2.具有温润且细致的质感，为空间营造舒适感	1.不适合海岛型气候，易膨胀变形； 2.须砍伐原木，不环保，且环保意识抬头，原木取得不易； 3.价格高昂； 4.易受虫蛀	客厅、餐厅、书房、卧房、
海岛型木地板	1.实木切片作为表层，再结合基材胶合而成； 2.不易膨胀变形、稳定度高	1.适合海岛型气候； 2.抗变形性能比实木地板好，较耐用，使用寿命长； 3.减少砍伐原木，且基材使用能快速生长的树种，环保性能佳； 4.抗虫蛀、防白蚁； 5.表皮使用染色技术，颜色选择多样，更搭配室内空间设计	1.香气与触感没有实木地板好； 2.若使用劣质的胶料黏合，则会散发对人体有害的甲醛	客厅、餐厅、书房、卧房
竹地板	取材于天然竹林	1.采用复合式结构，构造精细，具耐潮、耐污、耐磨、抑菌、静音等功能； 2.可做染色处理	1.竹子胶合需要用到黏着剂； 2.竹子淀粉含量高，易遭虫蛀，制作过程必须做好完善的防蛀工作	客厅、餐厅、书房、卧房
户外地板	一般以南方松为主，另外还有塑合木	不易腐蚀，耐用度极佳	1.南方松含有防腐剂； 2.塑合木则塑胶感重，质感较差	阳台及户外

地板架高可做收纳

地板必须加防潮布

地板下有管线必须做注记

架高地板的补强要足够

实木地板监工与验收

1. 确认吸水率预留缝隙	吸水率越大膨胀系数也越大，施工时要确认预留的间隙符合未来膨胀空间
2. 非实木板要停工换货	可能会遇到以劣质树材经过染色加工仿高价位树材情形，施工时如现场切割后发现非天然实木，要立即停工换货
3. 确认企口结合要一致	要确认企口是否过紧或结合不一致，会间接造成声响或触感不同
4. 避免同一空间使用不同材质	应避免不同批次的材质使用在同一空间，因为企口的大小与色泽都会有些许差别，若使用不同树种的木地板，要注意衔接点处，例如柚木地板与紫檀木地板的厚、薄、企口是否能顺利结合
5. 看一下表面有无脱漆	可从切开的剖面看出是否有脱漆的迹象，一个好的地板涂装，会经过至少 7 道涂装
6. 检验厚度是否能载重	如有载重与结构性结合的情况下，要注意木地板的厚度够不够，以保证结合紧密、承压力足够
7. 室外地板用不锈钢钉	室外型的实木地板一定要用不锈钢螺钉或钉子结合，避免氧化造成使用寿命缩短
8. 注意工法不同价位也不同	确定施工方式是属于黏胶式、着钉式或直铺式，不同工法有不同的价位

海岛型地板监工与验收

1. 最好使用同一批号的材质	确定纹路与设计的融合，且同一空间避免使用两种以上批号的材质
2. 厚度、宽度是否符合要求	加工型地板要注意表皮的厚度与宽度，以及膨胀系数、耐磨系数等，会影响施工所应留的沟缝大小
3. 一定亲自拆箱验货	拆箱时发现品质不对，当下办理退换货，避免施工中换料
4. 配合企口正确施工	施工时要注意企口方式，以免影响结合的紧密度
5. 实木层不可有剥离情形	地板施工，须注意边缘是否有实木层与夹板剥离的情况，若有则要求重做，而夹板若密度太松，着钉力会很差
6. 层数越多，稳定性越好	留意海岛型地板表面实木层的厚度，层数越多，着钉力、稳定性就越好
7. 勿选购高甲醛建材	可直接闻味道，以是否有刺鼻气味作为判断依据

超耐磨地板监工与验收

1. 依空间选择耐磨性	超耐磨地板有 100、60 与 30 条以下的厚度差别，选购时，不应以价格来论断，要确定耐磨性质适不适合
2. 注意花纹是否一致	进货时注意花纹是否为下订单时的颜色或花样，若不是，则马上退换货
3. 要做好收边以免割伤	由于是美耐板，容易因加工不良而产生翘边，做好收边处理，避免割伤
4. 贴胶施工避免重贴	密集板施工方式以贴胶式居多，要注意贴胶切实，也要避免撕开重新再贴的情形

木地板工程验收清单

检验项目	勘验结果	解决方法	验收通过
1. 直铺地板要确认是否与原结构面密贴，以免钉子和地面无法钉合			
2. 确认地板底面是否太过松软，避免钉子和地面无法钉合			
3. 地面为磨石地或 2 厘米以上厚石材，确认木板密贴地板才有足够咬合力			
4. 有明管线须注意架高时边缘龙骨与地、壁要充分结合，不能悬空或产生声响			
5. 确认地面配电完成，避免增加事后挖除工程或造成拉线困难			
6. 定好水平后应确认所有地板完成面以及门板间的高度			
7. 地面是否清除杂物，避免增加事后挖除工程			
8. 防潮布是否铺设均匀，防潮布交接处宜有约 15 厘米宽度			
9. 龙骨是否具有结构性的载重，龙骨间的着钉要切实			
10. 夹板是否用 12 毫米以上厚度作为底板板材，离缝需要 3 ~ 5 毫米避免摩擦产生声响			
11. 钉面材涂胶时是否考虑吸水性，使用适当的胶即可			
12. 地面管线是否破裂，避免日后拉线困难			

13. 确认架高或收纳柜型地板载重结构正确，收边是否美观、具有整体感			
14. 须先确认收边方式，是否用踢脚板或线板，并确认板子宽度			
15. 是否留适当伸缩缝，以防日后材料伸缩而造成变形			
16. 确认预留轨道须的面板厚度是否符合要求，严禁更改材料，以免影响轨道平滑			
17. 钉完地板面材切实做好表面防护，避免尖锐物品、有机溶剂的碰触与侵蚀			
18. 实木地板施工时要确认吸水率			
19. 实木企口式地板要确认企口是否过紧或结合不一致			
20. 实木地板避免不同批的材质同时使用，造成色泽与企口大小不同			
21. 实木地板的表面涂装是否可靠			
22. 注意海岛型木地板表面实木层的厚度是否符合要求			
23. 海岛型木地板勿挑选高甲醛含量的产品			
24. 地下室或是过度潮湿空间，不使用浅色系或吸水率高的地板			
25. 注意木地板的厚度，以确定结合与承压力足够			
26. 检查海岛型木地板边缘，是否有实木层与夹板剥离的情况			
27. 海岛型木地板夹板要具有密实性，若无则着钉力差			
28. 超耐磨地板边缘收边要可靠，避免造成割伤			
29. 超耐磨地板使用贴胶式工法，施工时避免撕开重新再贴			
30. 超耐磨地板夹板式的材质采用钉合式施工方式			
31. 竹地板材料确实进行过去糖分处理，避免蛀虫，可抗紫外线照射，避免褪色			
32. 竹片与基材是否密实贴合			

注：验收时于“勘验结果”栏记录，若未符合标准，应由业主、设计师、工组共同商定解决方法，修改后确认没问题，于“验收通过”栏注记。

Part 5

柜体

黄金准则：木作没有一定工法或规则可循，询价时除了材料报价，运费、工资、安装、附加五金等费用都要清楚。

早知道，免后悔

木作柜一直给人价格高的印象，系统柜家具是不是比较便宜呢？也不一定，因为如果是品牌的，考虑到管销与经营成本，有时候会比一般木工来得贵，但比较有保障，这因每个人的认同感而异。购买系统家具要注意的是材质和整体空间的运用以及色系搭配，成本控制是否符合需求。

木作柜子几乎是装修时的首选，因应收纳需要，各式各样的收纳柜分布在家里的各个空间。柜子施工重点在于：① 侧面结合方式；② 装饰面的问题。侧面结合梁柱或是其他柜子，安装时都要小心，避免刮伤、碰伤。至于装饰面，有些需要涂装，有些不需要，因此不妨先列出橱柜木工计划表，使用什么材质、注意什么事项、需要预留什么样的孔洞等，要一目了然，方便施工及监工。

系统柜可以搭配木作整合，若是工程牵扯到木作的话，要先完成天花板再做柜子，视预留尺寸的高度做调整，柜子做好再以木作收尾，这样的成品品质不输给传统木工。

柜体种类

1 高柜

160 厘米以上，240 厘米以下。

▶▶

2 中柜

90 厘米以上，160 厘米以下。

▶▶

3 矮柜

90 厘米以下。

老师建议

不必因为喜欢传统木作就不屑系统家具，也不必为了推崇系统家具而全然否定木作，两者相辅相成，可以打造出超乎想象的美丽空间。

木作柜下方记得要预留出线孔

木作柜的间隔层板、抽屉、门板等都要注意距离、尺寸的准确度

柜体结合时要使用螺丝钉

柜子监工与验收

1. 柜体结合注意工法	柜子结合的时候要以适当的工法来做，在不影响成本、进度的前提下进行
2. 载重柜体注意接合	衣柜、高柜等具有载重性的柜子在着钉、胶合以及锁合的时候，都要切实并且加强，避免因变形缩短使用寿命
3. 贴皮避免出现波浪纹路	贴皮应注意可能造成的波浪与凹凸，可用较厚的皮板或者较薄的夹板底板（2.2 或 2.4 毫米），避免波浪纹路产生
4. 收边做好四面贴皮	避免正面与侧面因修饰造成皮板破皮或凸出
5. 保护贴好木皮柜体	工地内严禁在皮板加工过的柜子上放置任何饮料，表面禁止有水、油或污渍附着
6. 木皮的纹路要对齐	上下门板要有整片式结合，纹路的方向要一致，且比例的切割都要对称，避免拼凑
7. 特殊贴皮使用专用黏合剂	特殊的贴皮如金属板、塑胶板、陶质板，要使用适合的黏合剂，避免脱落与不平整
8. 注意木芯板条方向	柜子使用木芯板做层板、隔板，要注意木芯板条的方向，避免载重变形
9. 隔板做插拴要对称	柜内隔板插栓的两侧要对称，预留的间距也要够，避免层板置入不便或载重后剥落
10. 轨道门板注意重量	轨道门板在设计时，要注意门板重量，以及上下固定动线，以免影响使用

认识系统柜施工

正统的系统柜都是使用塑合板，基本材料部分用木芯板，差别不外乎整体空间规划性，以及人体工学的考虑、使用便利等。随着接受度越来越高，系统柜的选择也更多样，但也引发许多误解，有的强调贵就是好，有的坚持用进口五金配件，有的只用品牌判定好坏，这都不是好现象。

避免被系统柜板材迷惑

现在各厂商的系统柜都强调采用进口 E1 级 V313 板材，不管是泡水 3 天还是干燥 3 天等，都有标准的测试报告，品质差异不致太大，重点是板材表面的贴材，有浸泡纸类、塑胶印刷、美耐板等多种选择。很多厂商号称自己的产品是全世界最好的，但再好的板材都有优缺点，正常的制造厂都有完税单，在购买板材时可要求厂商提供完税单及检验证明，就可以保障购买的板材品质。

知识加油站

V313 板材的含义

V313 指的是板材经过 3 天高温、1 天低温、3 天干燥的程序，重复 3 次的测试而得到的结果，在欧美属于环保性材质

避免系统柜五金迷惑

每个品牌的系统柜使用不同的五金配件，有的强调意大利、德国进口，有的称国产的最优，其实使用功能是否符合需求才是最重要的。有些系统柜号称用德国原装五金，同样的一套橱柜价格比别家贵了许多，但就算使用进口配件，价差也不至于那么大，在计价时不应该因为五金的不同就胡乱抬高售价。

避免系统柜品牌迷惑

虽然大厂牌强调保质期及多重保障，但事实上系统家具的损坏概率低，没有人为破坏的话，用 10 ~ 20 年也不成问题，而某些知名品牌强打保质牌，产品贵得太离谱。无论大小品牌，系统柜好坏的重点在于从业人员对材料的熟悉度，包括板材、五金，擅长空间规划，可以做出合理评估。消费者一窝蜂地比价、比品牌，却忘了因系统柜施工上的困难而增加的成本，想要普通的系统柜，就要避免个性化的特殊尺寸。

避免系统柜价格迷惑

不要相信打几折的广告，要以实际完工的价格为主，有些厂商只提供材料报价，隐藏代工费、运费等报价，消费者必须留意，在询价时务必问清楚连工带料的价钱，安装费是否另计之类的，切记要以整体规划完的总价格为准。若要节省预算，现场安装时尽量避免在现场施工的情况，例如更改柜子尺寸，尤其是柜子尽量避免现场裁切，会破坏规格，造成二次使用的机会减少。

不同板材、不同五金当然会有价差，如果觉得大品牌太贵改找二线品牌，倒不如找工厂直接下单，再委托设计师规划，当然，要找对橱柜、五金、板材有相当了解的设计师，才不会所托非人。

系统柜监工与验收

1. 面材个性化定制成本高	施工时间也要算在成本内，如特殊烤漆至少需时 3 周
2. 确认到货色泽尺寸	系统柜会有色泽差异性、尺寸差异性，货到时务必检查
3. 确实与地、壁面结合	注意结合面有无凹凸不平，打硅胶时要小心，勿破坏柜体美观
4. 尽量避免现场裁切	现场裁切容易造成粉尘乱飞的空气污染，也可能破坏规格

柜体工程验收

检验项目	勘验结果	解决方法	验收通过
1. 柜子结合应以施工规范与适当工法施工			
2. 大型柜具有载重性，着钉、胶合及锁合要密实并做加强			
3. 隔板预留适当尺寸，过大过小都不行			
4. 贴皮边缘是否会收缩或有破皮刮痕			
5. 收边要做好四面贴皮，避免正面与侧面因修饰造成破皮或凸出			
6. 木皮板是否使用相同色样与纹路			
7. 皮板施工时桌面与表面禁水、油或污渍附着			
8. 皮板加工过的柜子桌面应做好防护，不可放置饮料及潮湿物品			
9. 测试门板开启是否平顺			
10. 把手安装位置、孔径与孔距是否正确			
11. 门板间距是否平整、对称一致			
12. 特殊贴皮如金属、塑胶、陶质板应使用适合的黏合剂，避免脱落与不平整			
13. 使用木芯板做层板、隔板时，注意板条方向是否正确			
14. 隔板插栓两侧是否对称，避免层板晃动			
15. 轨道门板重量及上下固定动线的方向要准确			

注：验收时于“勘验结果”栏记录，若未符合标准，应由业主、设计师、工组共同商定解决方法，修改后确认没问题，于“验收通过”栏注记。

施工前 拆除 泥作 水 电 空调 厨房 卫浴 木作 **油漆** 金属 装饰

▲

Chapter 10

油漆工程

选择水性溶剂或者低甲醛甲苯含量，且符合国家标准的涂料产品！

油漆用于表面涂装工程，色彩多样、种类繁多，依特性可分为水性与油性材质，目前选择趋势是以在涂装后不会对人体或环境造成伤害的材质为主，如低甲醛或无甲苯涂装。油漆的用途相当广泛，室内外、金属、木材等任何适合涂装的材质都可应用，只要慎选材质涂装即可。

项目	☑ 必做项目	注意事项
壁面油漆	1. 不论水性漆或油性漆，使用喷刷式工法，漆料要先过滤，这样漆面才会均匀； 2. 刮泥子时要注意平整与均匀，施工中可用灯光加强照明； 3. 避免潮湿或有壁癌，一定要先妥善处理才能上漆	1. 油漆后要让空间中的气体适当挥发，但门户的安全仍要仔细考虑； 2. 修补与刮泥子时，门窗边若有水泥渣，一定要清除干净，以达到收边平整； 3. 上漆时铝门窗收边贴有防护条，清除时切割一定要漂亮
木皮染色	务必事先确认染色剂的色泽，避免与预想的有落差	实木皮板过度磨损，使木皮组织透出底板时，要先修补均匀再染色

油漆工程常见纠纷

（1）才装修完天花板，油漆就出现裂缝，每天看到都觉得心情很差。（如何避免，见 202 页）

（2）想重新粉刷家里的墙壁，找人来估价，连工带料还真不便宜，是被骗了吗？（如何避免，见 202 页）

（3）工人一直游说我用喷漆比较平整，做完去工地一看，木地板上都是白点。（如何避免，见 205 页）

（4）想要统一的感觉，请工人连窗框也涂上和墙色一样的漆，没想到窗框上的漆竟然剥落。（如何避免，见 205 页）

（5）想把木皮的颜色染深一点，出来的效果跟我想的完全不一样，工人说这是正常的。（如何避免，见 204 页）

Part 1

壁面油漆

黄金准则：从补泥子、刮泥子、底漆，再到上面漆，粉刷的质感一分钱一分货。

早知道，免后悔

为何上好的油漆容易褪色？有壁癌的地方可以再次油漆吗？为什么自己油漆粉刷与找工人涂装价差那么大？……想要花小钱让居家空间焕然一新，最快最有效的方法莫过于重新粉刷了，但是面对油漆工程，人们有太多的疑问，工程花费不是很大，技术门槛也不算太高，却常常搞得一个头两个大。其实只要按部就班，油漆工程一点也不难懂，监工没问题啦！

油漆属于表面涂装工程，由于科技的进步，不但色彩多样，涂料种类更是繁多，一般分为室内、室外、金属用油漆以及木类涂装；依特性还可分为水性与油性材质。因应环保与健康要求趋势，目前大多选择以涂装后不会对人体或环境造成伤害的材质为主，如低甲醛或无甲苯涂装等。

油漆工程属于装修的最后几个步骤之一，大多数在泥作工程、门窗工程结束后，木作工程或家具摆放进行前，就会先行油漆粉刷。油漆耗材的计算方式可以根据油漆桶身的详细说明采购，不同种类的漆会有不同的适用面积，标示是概略值，例如：3.79 升的油漆经一定的稀释比例之后，可以粉刷的面积为 49.5 ~ 92.4 平方米，这是以单层来计算，若需要漆到 3 层，桶数记得乘以 3。在进行油漆工程前，最好先列出油漆粉刷表，各个空间所需颜色、数量都记录清楚，就不容易混淆。

油漆施工步骤

油漆基本功：
1 补 2 刮
1 底 1 面

1 补泥子，填平凹洞

为基本功，天花板、壁面的裂缝、凹洞、钉孔、接板、金属焊点处，属于第一阶段的修补工程，必须处理好。

▶▶

2 刮泥子，至少 2 次

看墙壁的凹凸面情况，以适当的厚度刮泥子，使墙壁恢复平整，通常刮泥子两次以上，还要再经过砂磨才会真正平整。

老师建议

遇到壁癌，一定要先处理漏水、潮湿等问题，才能再重新粉刷。

工程名称：油漆粉刷

屋主：　　　　工程负责人：　　　　电话：　　　　紧急联系电话：

品牌色号 / 墙面 / 空间	A	B	C	D	天花板	线板 1	线板 2	踢脚线	……	备注
前阳台										
后阳台										
客厅										
餐厅										
主卧										壁面与天花板色系不同
衣帽间										壁面与天花板色系不同
儿童房										壁面与天花板色系不同
厨房										
客浴										
主浴										
和室										

（油漆粉刷表）

3 底漆，至少 1 层

作用在于防止壁面反潮，让面漆的色泽均匀，或者防止因木板木酸而出现水渍纹路。

4 面漆，1 ~ 3 次

看涂料材质，最少要粉刷两次才可以达到均匀。

知识加油站

油漆小常识

Q：什么是水性漆？

A：所谓的水性漆是用一定比例的水作为调和介质，稀释涂料，因为加水的关系，水性漆粉刷不会致癌，也不会有甲醛的问题。

Q：原色漆与调和漆哪种比较好？

A：原色的油漆比较好，在修补时不会有色差的问题，至于调色漆，每次调和时容易出现颜色不同的情况，会有色差的麻烦。

Q：防火漆真能防火吗？

A：一般所称的防火漆其实不是“漆”，而是一种防火涂料，防火涂料并不是完全防火，而是在一定时间内能够减缓火灾发生时的燃烧速度，延长逃生安全时间。

Q：油漆完之后为何天花板容易出现裂缝？

A：这是因为板与板之间没有做好填充材的处理（比如使用 AB 胶），但有时候天花板的支撑度不够，也会因为地震或过度载重而造成这种情况。补救的方法是再上一次底漆与面漆，或者在裂缝与支撑度不够的部分再做一次处理。

Q：补泥子的材料，有哪些选择呢？

A：AB 胶一般常用于钉凹和接板处；水性硅胶用于天花板、壁面或不同材质接点；黄泥子又称汽车补泥子，用于修补金属的焊接凹陷处；水泥多用于大面积修补，可加白胶增强接合力

有时为了节省预算，消费者宁愿选择自己粉刷，但一般仅能涂上 1 层面漆，与标准的装修涂装有很大的不同，虽然可以省钱，但无法像专业的工人那样粉刷得持久又具有质感。传统的油漆工序通常是补泥子、刮泥子 2 ~ 3 次、底漆上 2 ~ 3 次，然后面漆再上 1 ~ 3 次，期间的工钱与成本都很高，但一分钱一分货的道理绝对不变。

有人会问，用刷子油漆以及喷漆哪一种方法比较好？由于喷漆是透过空气均匀喷洒，效果会比较均匀漂亮。在家具尚未搬入时，使用喷漆的方式上漆比较适合，但如果已经入住，由于需要繁复的保护工作，因此较不适合。如使用刷涂式，则要注意工人的施工品质与技术的好坏。

潮湿与日照常为油漆褪色主因

有时会发现才涂好不久的油漆容易褪色，这时必须观察，是否因为环境潮湿或太阳过度照射造成的，若都不是，则有可能是

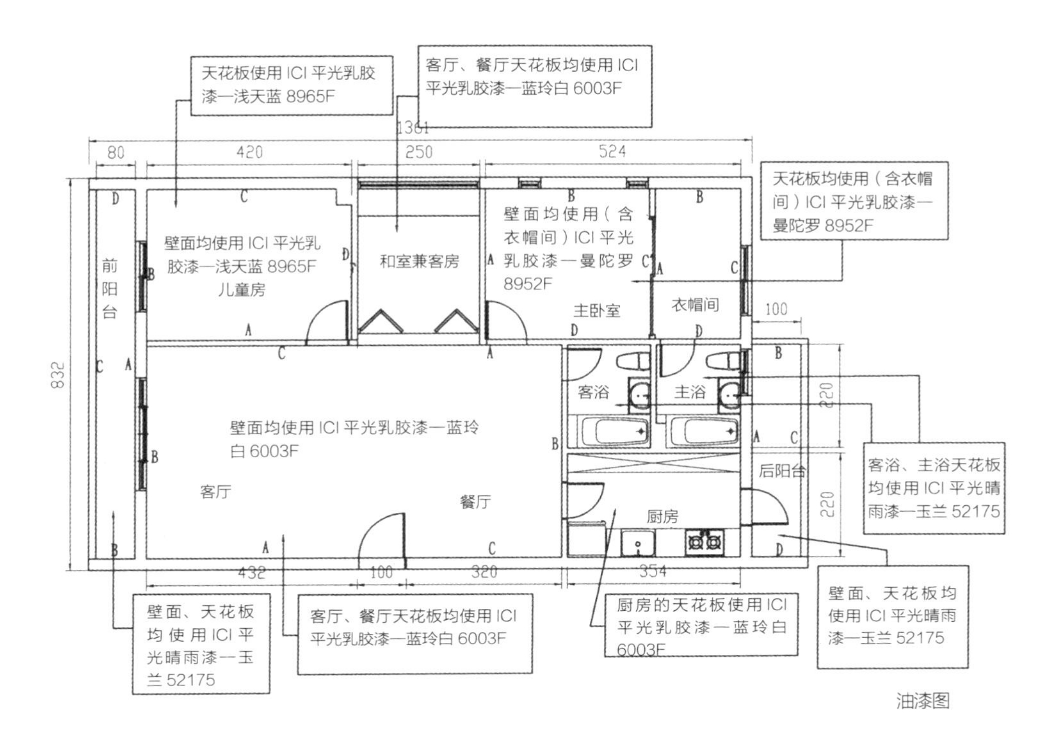

油漆图

因为最初在调配油漆时，比例与成分并未达到标准，致使施工不良。至于某部分油漆容易剥落，最大的原因可能是被涂物底层如水泥、木头墙壁，没有做好处理，旧漆没有事先清除干净，或是漆面过厚，都可能导致油漆剥落。

油漆品牌、号码留存备查

油漆工程完毕，建议保留品牌及号码，方便未来若有需要时，可以调到相同的漆色修补，若是采用调色的油漆，则建议留下调色样品及比例。

6 招避免用到问题油漆

（1）检查甲醛含量是否符合标准。

（2）水性漆不可用在金属表面。

（3）计算油漆的使用量以免浪费。

（4）同一漆种选用树脂含量较多的产品较佳。

（5）尽量选择原色泽。

（6）确认可以稀释油漆涂料的材质。

油漆前的补土

边缘、转角、收边处，更是补土要切实的地方

确认颜色的同时，要看是涂布在水泥上还是木皮板上，不同基材产生的颜色不同，如新旧水泥墙面、木皮素板或皮板等，最好用一块基材样板，先试涂作为上色的参考。

确认颜色有以下两大原则。①自然光，又分为室内、室外两种。室外照度强，颜色最自然，色调也最浅，室内因有遮光窗帘，或照入房间各处的光线量不同，色调和深浅的差异性较大。②人工光，使用灯具照明，灯泡有黄光、白光、极白光等，产生的色泽有落差，确认颜色前要考虑使用灯泡的演色性，避免认知上的落差。

使用灯泡打光，在磨砂的过程中确认平整度

★ 木皮染色

现代人希望贴近自然，在室内空间大量运用木质建材，因应装修风格变化，木皮染色也成为一种受欢迎的装饰。如果木皮需要染色处理，无论柜子或门板，要先确认染色剂色泽，使用水性或油性。如果使用油性染色剂，木皮贴着不能使用强力胶，否则会造成剥落或凸起的情况。

木皮染色一定要均匀，避免出现斑渍或纹路、色泽不均的情况。如果实木皮板过度磨损，使得木皮组织透出底板时，要先修补均匀，否则不宜染色。染色时切忌分区或分次染色，以免产生色差或不均匀。此外，要避免临时改色，万一必须补救，记得染深不可染浅的原则。

实木皮才会有染色流程，上色均匀是必须遵守的原则

消光处理

木材表面多使用亮光漆处理，让表面呈现光亮感。若使用消光剂，则可让表面呈现平光的另一种质感

油漆监工与验收

1. 确认被涂物的清洁	上漆前，先确定被涂物有无油渍、钉口、螺丝孔、裂缝、凹洞或凸起，做好修补的工作，也要避免漏水或渗水的情形发生
2. 先修补裂缝再上漆	板与板、天花板与壁面结合处裂缝，可使用 AB 胶或水性硅胶填充修补
3. 一次调色预留样品	如需做调色处理，需经过业主、工组与设计师三方同意，并做好样品。最好一次调色完成，以免产生色差
4. 上色前对色免争执	分别在自然光线与人工光线下对色，或在黄、白灯光下检查，避免日后发生争执
5. 确定油漆涂装工法	包括喷涂、刷涂、镘刀或平涂等，因工法不同会有不同的施工时间、成本
6. 木制类涂装注意纹路	例如柜子、壁面皮板等木制类，若需染色要先确定颜色，实木皮板的涂装，则要确定表面纹路处理的要求，以免影响触感
7. 油漆金属要先去锈	须注意金属表面有无油渍或是严重锈斑，先做处理，如果遇到凹凸角部分有焊渣或毛边，施工前要做修边处理
8. 做好保护，避免污染	施工过程避免影响或污损其他的材质，喷漆时要特别注意做好保护工作，还有刮泥子的砂磨工程，也要避免灰尘乱飞
9. 施工时应远离火源	油性漆在施工或储藏时要避免火源，以免造成火灾等意外
10. 遇壁癌换工法施工	壁面如有水泥凸起、壁癌底质，或者壁纸有破洞，要尽快以其他工法修饰处理
11. 适时添加防霉涂料	若遇到易受潮或霉菌滋生的墙面，要先进行除霉，并使用添加防霉材质的涂装料粉刷
12. 高架作业注意安全	高架作业除了慎选工法外，也要注意人员的安全维护
13. 油漆不可倒入排水管道	剩余的油性油漆或涂料，严禁倒入排水系统，以免造成 PVC 管溶解
14. 趁油漆未干做二次涂装	想多刷几层就必须趁油漆未干时进行，如果表面的油漆已干燥，再次涂装则容易剥落
15. 亮光漆做消光处理	若涂料表面为亮光漆要做消光处理，以免影响视觉效果
16. 完工后留漆做修补	施工完毕可留置一定数量的漆，以做事后的局部修补处理，尤其是调过色的漆，一定要储存
17. 金属材上漆先防锈	室内外用的铁材易受环境影响，一定要做防锈处理，如热浸镀锌，或是多次防锈涂装。室内的防锈底漆要上切实

油漆工程验收清单

检验项目	勘验结果	解决方法	验收通过
1. 确定涂装空间是否列出了油漆粉刷表			
2. 油漆品牌、颜色、编号是否相符，需经设计师、业主、工组三方同意确认			
3. 安全维护工作是否做好，如通风、远离火源，避免发生气体中毒意外			
4. 确认墙壁本身的旧漆厚度，过厚事后补救成本增加			
5. 旧壁纸是否彻底刮除			
6. 墙壁有无漏水及潮湿面			
7. 天花板壁板是否平整，钉子切实钉进龙骨			
8. 浴室或潮湿处是否使用不锈钢钉，未做防锈处理日后会生锈			
9. 油性漆或有机溶剂不可倒入排水系统，会造成融管而漏水			
10. 色板与编号是否保留			
11. 切实注意刮泥子次数，以免影响美观			
12. 较深或裂缝较大的，补泥子是否切实，避免缩凹情况发生			
13. 补缝使用水性或中性硅胶，油性硅胶会导致无法上底漆			
14. 凸角处是否成直角或破损			
15. 发霉的墙壁是否先做去霉处理（加入适当防霉剂）			

16. 刮泥子是否平整与均匀，可用灯光加强照明			
17. 刮泥子研磨时有无粉尘四处飘散，避免造成周边环境污染			
18. 刮泥子两次以上者要切实做好刮泥子与研磨的处理			
19. 地面属软性建材（PVC 地板或木地板）需做好防护，避免工作椅或重物碰触造成磨损			
20. 修补与刮泥子时门窗边的水泥渣要清除干净，以达到收边平整			
21. 门窗收边的防护条贴纸要清除，清除时切割要漂亮			
22. 木质壁板刮泥子确认有无表面脱胶凸起状况，若有立刻告知并重新切割、补泥子			
23. 底漆颜色层次关系到壁面整体的均匀			
24. 油性底漆涂料要均匀搅拌，以免面漆颜色不均匀			
25. 确认喷漆式面漆是否均匀，避免出现垂流或凹凸不平的橘皮现象			
26. 确认是否使用了老旧压缩机，以免产生噪声			
27. 下班时切实做到机器断电，避免机器自动启动			
28. 喷刷式油漆是否做好漆料杂质过滤，以免漆面不均匀			
29. 喷漆前金属门框与玻璃是否做好防护处理，避免造成清洁困难			
30. 喷漆前地面是否做好保护处理，防止污染地面、石材或瓷砖			
31. 喷漆后的空间空气是否流通，以便气体挥发			
32. 金属涂装需注意表面是否做了去油与防锈处理，并注意焊渣，以免影响耐用度和美观			
33. 确认刷面漆时有无刷毛或灰尘附着，若有应立即清除，避免事后漆面留下痕迹			
34. 两墙不同色时收边是否完整			

注：验收时于“勘验结果”栏记录，若未符合标准，应由业主、设计师、工组共同商定解决方法，修改后确认没问题，于“验收通过”栏注记。

木皮染色验收清单

检验项目	勘验结果	解决方法	验收通过
1. 确认染色剂色泽是否相符			
2. 油性染剂则贴木皮，不用强力胶，以免剥落或凸起			
3. 确认染色表面是否均匀，避免出现斑渍或纹路、色泽不均			
4. 木皮板是否过度刮磨使木皮见底，见底时需修补均匀			
5. 确认染色是否一次染完，避免颜色不同、不均匀			
6. 消光处理须先确认光泽程度与表面的均匀度			

注：验收时于“勘验结果”栏记录，若未符合标准，应由业主、设计师、工组共同商定解决方法，修改后确认没问题，于“验收通过”栏注记。

喷漆前要做好保护工作

补泥子、刮泥子完成后再上漆

施工前 拆除 泥作 水 电 空调 厨房 卫浴 木作 油漆 **金属** 装饰

▲

Chapter 11

金属工程

铝窗、金属门、轻隔间、楼梯，涉及安全与结构，施工不可不慎。

你计算过从室外进到自己卧室，总共要开几道门吗？你想过家里总共开了几扇窗吗？所谓的金属工程包含了大门、窗户、楼梯、防盗装置，还有小到把手、螺钉的五金配件，包罗万象，存在于室内、户外各个空间。门，是居家的第一道安全防线，除了美观，安全性可以说是第一考量，与窗户一样，目前几乎以金属制为主流，但因为低楼层较潮湿，往往会使金属制品出现意想不到的损耗，如果可以在装修之前多加认识，防患于未然，金属工程制品保用 50 年，绝对不会是神话。

项目	☑必做项目	注意事项
金属隔间	1. 施工前确定各种金属尺寸及厚度，拿出设计图核对，以免出现误差； 2. 壁面的垂直度要符合垂直、水平与直角的规则	1. 金属框搭配玻璃，一定要做嵌入式设计，不能只用硅胶黏合； 2. 先做完墙壁才可做天花板，避免先做天花板再做墙壁，因隔音效果会较差
铝窗	1. 检查铝窗四边是否方正，误差不能超过 2 毫米，否则窗框会有缝隙； 2. 安装铝窗前，先确定好型号是否无误	1. 铝料间的结合要有防水性填充材料，并具备咬合的功能，避免松脱、离缝； 2. 要使用无磁性不锈钢螺栓结合结构
金属门	1. 仔细检查门与框的密合度，避免造成隔音效果差、有风切声，或是灰尘进入等问题； 2. 挑选室外门要注意防锈处理与防盗功能	1. 门框要切实锁进墙壁的结构，如果没有做到，门框容易产生裂缝； 2. 装内外门时须确认开门方向，如把手与把手之间有无碰触，并考虑进出的方便性
楼梯	1. 造型扶手在焊接或锁合时要切实固定，焊接最好采用满焊方式，结构性较佳； 2. 做钢构夹层时，要依现场的跨距，选择适当的钢材尺寸、厚度，避免出现载重问题	1. 焊接完后焊接点要做好防锈处理； 2. 楼梯台阶及扶手要符合人体工学
小五金	1. 选择铰链须考虑角度、闭合方式、孔位大小，以及门板厚度与重量、材质，还有结合方式 2. 不定时检查螺栓是否松动、螺帽是否固定	1. 钉子最忌受潮生锈，一旦施工后无法养护，即成为被钉物的一部分，若生锈容易断裂而使被钉物掉落； 2. 无论使用哪种螺栓，施工一定要慎选扳手、套头，施工起来才不费力，锁起来也漂亮

金属工程常见纠纷

（1）轻隔间及砖造墙壁接合的地方陆续出现裂痕，是黑心施工吗？（如何避免，见 213 页）

（2）安装了气密窗，但还是觉得外面车声很吵，这是正常的吗？（如何避免，见 222 页）

Part 1

金属隔间工程

黄金准则：任何关于金属的材料，首先要考虑表面材质的防锈处理。

早知道，免后悔

在装修工程中，隔间可将空间隔成不同的功能区使用，依材质通常可分为砖墙、轻钢构、轻质材质、木作隔间以及钢筋混凝土隔间等，除了空间利用之外也要考虑安全以及防火性等因素。规划隔间时要考虑到人体工学，比如动线、进出人员的方便性，以让空间达到最大的利用。

由于美观再加上施工方便，轻金属隔间近年来十分受设计界的欢迎，尤其轻金属隔间适合各种高低楼层、居家、商业空间的隔间工程。也可用钢架结合玻璃等材质做特殊造型，如玻璃隔间。

用于轻金属隔间工程的材料，不外乎使用铁板制成的C型钢架，也可使用传统的C型钢、槽铁、H型钢以及角铁。不过，目前以C型铁架最为常用，因为其有施工快速、成本较低、载重轻、变更空间容易的优点。

认识轻金属隔间

1 C型铁架

用于轻隔间工程利用钢架结合方式。▶▶

2 C型钢

用于结构或补强工程。▶▶

老师建议

金属越厚硬度越高，预算许可的话，选用不锈钢材质，可以延长使用年限。

轻隔间及砖造墙壁间出现裂痕

装修好半年后，发现轻隔间及砖造墙壁陆陆续续出现裂痕，这并不是施工不良所造成的问题，而是物理上热胀冷缩的基本反应！尤其是异质材料交接处最容易发生。处理方式就是补泥子修护，更细致的方式则是再掺入树脂增加泥子的韧性。

其实刚发现裂缝时，除非是工程瑕疵或仍在装修保质期中应该立即解决外，如果是自然的热胀冷缩，最好还是静观一阵子，等裂缝不再扩大后，再进行二次施工修复。若轻隔间及砖造间墙壁的裂痕出现超过 0.5 厘米的大裂缝，建议考虑以水泥修补。

5 招避免用到黑心金属隔间

（1）确定各种金属尺寸及厚度，最好拿出设计图核对，以免出现错误。

（2）确定板面的结合材质，如硅酸钙板、石膏板、氧化镁板或玻璃等的厚度。

（3）隔音或防火填充材料，要确认其厚度以及是否符合相关标准。

（4）查验金属材料与施工图是否符合。

（5）轻质水泥填充要确认钢架承受力。

3 H 型钢

用于结构或补强工程。

▶▶

4 角铁

可用结构补强。

金属隔间监工与验收

1. 表面修饰及结合材质是否一致	确定轻金属隔间的表面修饰材质是否与设计一致，如壁纸、油漆或贴木皮。板面的结合材也要再确认是否为施工前所确认的材质，完成面的厚度是否相吻合
2. 墙面厚度、尺寸、位置是否与图面吻合	用尺丈量金属材质，如骨架等，所有的厚度、尺寸是否吻合。另外，检查其间距是否和图面所示相同
3. 检查表面涂装是否切实	检查表面涂装是否切实，特别是钉孔与结合板处
4. 螺钉是否紧密锁合	检查施工时的螺钉锁合是否可靠，有无出钉，以及长度、间距不够或过大的情形发生
5. 与天地壁的结合是否牢靠固定	结构结合面，如墙壁、天花板与地面是否有一定的强度加强、固定。壁面的垂直度要符合垂直、水平与直角的规则
6. 挂置电视机的壁面要做结构加强	若有开关插座位置，或壁面有挂置钟、电视机的位置，要注意壁面是否有做结构加强
7. 壁面挂置物品的螺钉最好锁进骨架	如果要挂置物品，其螺钉最好锁进金属骨架，或选择适合于轻质金属的螺丝钉，如蝴蝶钉、专用膨胀螺钉
8. 板与板间应留 5 毫米伸缩缝	板与板之间是否留适当的伸缩缝
9. 管线应在封板前完成	在封板完成前，要确定内部有无未完成的施工管线，其加强支撑部分是否完成
10. 轻质水泥填充必须密实	如使用轻质水泥填充，需检验填充是否切实。若在轻质水泥填充过程中有泥渣溢出的情形，要尽快做好清除的工作
11. 若有爆板或变形应停工做补强	灌注轻质水泥过程中如发生爆板或是板面结构变形的情况，要立即停止并做好补强的处理
12. 潮湿空间应做防水处理	潮湿空间如浴室、厨房的施工，尤其是墙壁、地板结合处，要事前讨论使用何种防水计划。使用的结合板材，必须考量抗潮性，材质表面是否可贴瓷砖、石材或做特殊处理等
13. 先做墙壁再做天花板，隔音效果佳	轻质金属工程的施工流程，注意一定要先完成墙壁才可做天花板，避免先做天花板再做墙壁，因为隔音效果会较差
14. 与门窗结合，预留结合填充空间	如有立门窗时，要确定尺寸以及预留的结合填充空间，以及可否做加强性固定

金属隔间监工验收清单

检验项目	勘验结果	解决方法	验收通过
1. 确定金属的各种尺寸如厚度、宽度			
2. 确定板面结合材质的厚度			
3. 中间若有隔音、防火填充材料，要确定级数与材质			
4. 对照平面、立面图，确认门窗的高低在一定的水平高度上			
5. 内置的骨架的间距达到一定的施工标准			
6. 确定表面修饰的工法与材质			
7. 表面涂装是否可靠			
8. 间距是否和图面所示相同			
9. 螺钉锁合是否可靠，无出钉和长度、间距不够的情况			
10. 壁面要符合垂直、水平与直角的规则			
11. 挂置重物处的墙面有结构加强			
12. 封板完成前要确定内部有无未完成的施工管线			
13. 板与板之间是否留适当的伸缩缝			
14. 使用轻质水泥填充，确定钢架与板子可承受填充材料的重量			
15. 在潮湿空间施工，要确认防水计划是否切实可行，尤其墙壁、地板结合处要特别注意			
16. 潮湿空间的板类材质具有抗潮性			
17. 轻质金属工程施工，要先完成墙壁才可做天花板，若程序颠倒隔音效果会较差			

注：验收时于“勘验结果”栏记录，若未符合标准，应由业主、设计师、工组共同商定解决方法，修改后确认没问题，于“验收通过”栏注记。

Part 2

金属门工程

黄金准则：住宅大门最好选择有防爆、防火、防盗功能的产品。

早知道，免后悔

若居住地区潮湿，从大门到窗户、楼梯、五金把手、螺钉，任何金属工程第一都要考虑到金属材料的防锈表面材质处理，因为金属最怕氧化，其次才是考虑安装功能性、结构力、成本，以及后续维修性。以大门为例，由于大门一面在室内，一面却向着室外，在大楼里的住户还好，大门还算在建筑物内，若是公寓1楼的大门、铁卷门，就必须考虑阳光、空气、水会导至大门褪色生锈的问题。所以，室外型大门一定要考虑防水，最好能经过不锈钢阳极处理。

一般而言，金属制门可分为钢铁门、不锈钢门以及铝制门或其他特殊金属门等。钢铁门，钢的特质比铁硬，所以钢制门具有不易变形、硬度强度较高等特性，安全性相对也较高；铁门若达到一定厚度，则安全性也可与钢制门相比。至于不锈钢门分有等级，与铁质与含镍量多少有关，一般可分为镜面、表面毛丝面以及化学咬花等种类，表面大部分使用阳极处理，但也有使用特殊或专用的涂装处理。铝合金制门可分为单一基材种类，表面有阳极处理以及烤漆涂装，也可与其他材质如玻璃、PS板混合应用。

铁门指的是铁板制造，没有经过氧化处理，纯铁类材质建议经过热浸镀锌处理。铁门是以千克计价，而经过热浸镀锌处理的成品以面积计价，看似比一般铁件成本高出了

金属门适用场所

1 钢制铁门

多用于大门，具有防盗功能，多以押花修饰。

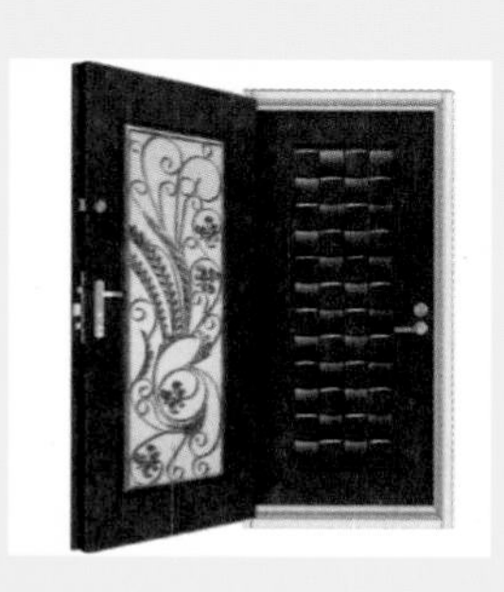

▶▶

2 不锈钢门

多用于室外大门或次要的后门。

老师建议

金属门若安装在风吹雨淋的室外，要选防锈处理良好的材质如不锈钢，或经热浸镀锌等处理的产品。

2～3倍，但可用50年，仍是相当划算。一扇好的铁门建议选用镀锌钢板，表面再使用经常接触性磨损耐候的表面处理涂装，而大门所有配件尽量选用不锈钢等耐候材质，若是合金材质，至少也要挑选铸铁、锻铁等镀锌材质，就能延长使用年限。

选用电动门、防火门必知

电动铁门务必有防夹装置，在不影响防盗性的前提下，做方便开启设计，也要考虑后续维修的方便性。

知识加油站

热浸镀锌的原理

简单地说就是将已经清洗洁净的铁件，经由熔融锌的润湿作用，浸入锌浴中，使钢铁与熔融锌反应生成一合金化的皮膜。如此，整个铁材表面均受到保护，无论在凹陷处管件内部，或任何其他涂层很难进入的角落，熔融锌均能很容易地均匀覆盖上，达到防锈防蚀的效果

3 铝合金门

▶▶ 大部分用于卫生间门或后阳台门，若经过精细的涂装或贴印处理，可用于具有装饰性的大门。

4 硫化铜门

▶▶ 常用于室内门或分租套房门，样式较简单。

因应居家安全，防火门需求越来越多，根据消防法规，防火门门扇宽度应在 75 厘米以上，高度应在 180 厘米以上，每扇面积不得超过 3 平方米，除了要有防火认证标识、确认编号，安装时也要考虑周边承重力够不够，以及确认防火系数。

5 招避免用到黑心金属门

（1）选择有品牌的产品。

（2）清点配件。

（3）特殊门要掌握订购时间。

（4）确认地面高度。

（5）目测钢板厚度。

金属门监工与验收

1. 门框架设要预留高度	注意门框预留高度，日后内部空间若要进行地面加高工程，与地面水平的高低差将影响开启的功能性
2. 铁门门框要锁进墙壁	要切实锁进墙壁的结构，如果没有做到，门框容易产生裂缝，此外，螺钉也可直接以电焊方式固定在结构里
3. 检查门框与门板的间隙	安装前先检查门框与门板的间隙，不能过大或过小，安装时，门要确定垂直、水平与直角
4. 焊接处要做平整处理	如有焊接部分，要注意表面有无做平整处理，避免过度明显的结合痕迹
5. 检查表面涂装是否完整	注意表面是否涂装不均匀、有无凹洞，或门板有无明显色差，涂装类的表面要避免刮痕、边角掉漆
6. 确认门锁对称、同高	确认门锁有无对称、相同高度，避免开关过程不顺或操作困难
7. 多次开启检查是否松动	门板与门框的开启方式有活页型、铰链型、地铰链式、天地栓等，在安装前要先确认，并多次开启检查是否松动、出现杂音或晃动
8. 两片式门板对齐密合	如为两片式以上的门，要注意门板的高低及缝隙是否对称、密合，若门上有纹路也应对齐
9. 确认附属配件是否齐全	例如修饰条或贴皮皮面，要注意是否切实结合固定，尤其是消音垫片
10. 可使用门弓器抗风压	若大门开在风压过大的场所，可考虑使用门弓器或具有缓压性的铰链五金
11. 安装辅助性防盗配件	如猫眼、门中门或者扣链等，检查操作使用是否适合全家身高
12. 确认门槛间隙要适中	检查门的密闭是否切实，避免过大造成灰尘入侵，以及隔音系数降低，也要避免门槛过高，造成进出不便
13. 天地铰链须荷重耐用	如有做天地型铰链设计，要考虑铰链荷重与开合次数（即耐用度），是否与铁门重量相符

金属门监工验收清单

检验项目	勘验结果	解决方法	验收通过
1. 门框是否预留适当高度（与地面水平的高低差）			
2. 铁门门框是否切实锁进墙壁结构中，避免门框产生裂缝			
3. 厚重型的铁门框是否已加强固定			
4. 铁门有无做保护处理（避免损坏或碰撞产生毁损）			
5. 装内外门确认开门方向，把手之间有无碰撞，考虑进出的方便性			
6. 装门锁确认孔距是否吻合			
7. 确认门板与框是否密合，避免造成风切声或沾染灰尘			

注：验收时于“勘验结果”栏记录，若未符合标准，应由业主、设计师、工组共同商定解决方法，修改后确认没问题，于“验收通过”栏注记。

Part 3

铝窗工程

黄金准则：拆除旧铝窗，结构墙面和铝窗要留 2 ～ 5 厘米做防水水泥砂浆填充。

早知道，免后悔

窗户对于居家而言，是与外面的联结，也是让光线进入室内的重要管道，同时也起着阻隔风雨的作用，安装得宜，可以让居住的舒适度大大提升，若安装不当，则容易造成渗漏水，影响生活品质。目前大部分住宅采用铝门窗，铝门窗要如何实现最好的安装呢？玻璃的厚薄是否真的和隔音的好坏有绝对的关系，安装时又该注意哪些事项呢？

铝门窗、采光罩大部分使用锌铝合金的合金材质，记得要选用经过风雨实验的建材，建议选择有正字标记的，或经相关部门认定的，购买时必须确定品牌、型号、尺寸、图型、表面处理、颜色及配件。

大型落地式门窗的金属多半是中空材质，可以在里面或外部做一些水泥结构及补强式填充，防止因大风等外力因素变形或爆裂，往外爆是公共伤害，往下落是私人伤害，都可能吃上官司。

铝门窗框架设好，收边缝要灌进加了防水剂的水泥，边缝补好再做细部的泥作修补

认识铝窗各部位元件

1 轨道

分为全内拆内外拆、全外拆。

2 窗框

考虑框厚度与现墙厚度。

3 窗架

尺寸与结构固定性，以防水 ST 为佳。

老师建议

气密窗和隔音有密切关系，分贝数越高隔音效果越好。

6 招避免用到黑心铝窗

（1）确认型号：每个品牌各有不同强度的隔音系数，可请厂商提供。

（2）确定图型：确定尺寸、气窗高度、天窗宽度等，另外，开关方向与进来的空气有关，须注意。

（3）表面处理：包括特殊涂装、阳极处理、液体涂装、粉体涂装活氯碳化物、陶瓷面等，与使用环境有相对影响，有些适合平地，有些适合温泉区或海滨。

（4）选定颜色：每个品牌都有固定色系，若选用特殊色要考虑成本及制作时间，一般以标准色为主。

（5）检查配件：任何配件如螺丝、门扣、钥匙、连动杆、滚轮都要用耐候材质，重点在于维修性好不好，有无替代材质。

（6）选用玻璃：玻璃分为喷砂、压花、清光透明、有色的，厚度有别，加工又分为强化、复层、夹式、内部功能性、有无加装防盗杆。要注意材质，中空复层要考虑到防雾，重量与滚轮好坏有关，承重过大容易造成故障。

4 玻璃

厚度、颜色、透光或不透光类，加工如强化、中空、夹式。

▶▶

5 滑轮

有 ST、ABS、Fe 等选择，以 ST 为佳。

▶▶

6 门扣

有加钥匙。

▶▶

7 连动杆

用于防盗，加强气密与强度。

隔音窗并非完全隔音，而是有一定的分贝数，要先询问厂商，数据与价差会有关系。隔音窗的隔音系数一般以分贝为单位，通常是20分贝以上（20、30、40分贝都有）。气密窗又称防风窗，可避免风吹入，可请专业人士现场进行检测，看看当门窗紧闭之后，从外面流入的气体有多少，最好请厂商提供检测合格证明。铝窗送到现场之后，要检查消音条、隔音条的橡胶垫片是否就位。

铝窗监工与验收

1. 确定型号，详阅说明	确认抗风压系数、隔音分贝数等，产品送到现场时要比对，检验图形尺寸与窗形是否一致
2. 检查窗框是否刮伤	确定涂装情况，不可有刮伤底材的情况
3. 螺钉须为无磁不锈钢	铝窗的结构在结合时，要使用无磁性的不锈钢螺钉，以避免生锈造成损坏或脱落
4. 防水填充料要密合	铝料与铝料的结合采用有防水性的填充材料，须具咬合功能，避免松脱、离缝
5. 尺寸误差勿超过2毫米	检查铝窗四边是否方正，尺寸必须要一致，误差不能超过2毫米
6. 立框施工程序正确	1. 使用可调式的材料如木条、报纸，做调整与临时性的固定，要确定框的上下左右预留出1～3厘米的离缝，方便做防水填充，加进适当的水泥做结合，或用无磁性的不锈钢螺丝来固定； 2. 隔天填充水泥时，确认加入适当的防水剂，水灰比须以1：2的比例调和，灌注前记得将临时固定的填充料拆除，避免事后腐烂与漏水
7. 灌浆避免水泥溢流	灌注水泥浆前，确认铝窗是否水平或垂直，灌浆时要防止泥浆溢流至外墙造成污损，必要时尽快用水冲洗干净
8. 内窗矫正滚轮把手	架设铝窗时，要确定内窗的滚轮与把手活动是否灵敏，要做最后确认与矫正
9. 禁止沟槽处有残留	如果有粉泥渣的话要清除干净，避免造成表面刮损，或滚轮功能受损
10. 凸窗要防水、防噪声	采光罩凸窗的凸出面与墙壁结构处，要做好防水，结构脚架与墙壁结构结合，要切实锁合螺钉，事先可做隔音处理，防止下雨产生噪声
11. 采光罩加压条处理	最好在架设采光罩的PS板上方加压条，加强防漏水，避免因强风吹袭而造成PS板的剥落
12. 安装玻璃预留空间	尤其是固定式玻璃，要预留伸缩空间，以免因地震产生爆裂或单点撞击的破裂
13. 大片玻璃加强支撑	记得加上铝压条，并做好防水结合，才有足够支撑，严禁只打硅胶，在安装完铝压条、锁好之后，再打一次硅胶
14. 纱窗选择耐用纱网	注意纱窗本身与框料必须稳固结合，避免使用造成脱落移位，纱网要有适当孔隙，过密影响空气流通，过疏则蚊虫容易进入室内，要注意材质是否耐用
15. 铝窗清洁禁用百洁布	避免使用粗糙的布料或百洁布擦拭铝窗，也严禁用有机溶剂如香蕉水、去渍油擦拭烤漆式铝窗框，而具有酸碱性的清洁剂禁止用于经阳极电镀处理的铝窗，以免造成表面伤害

铝窗工程验收清单

检验项目	勘验结果	解决方法	验收通过
1. 检查实物的图形与尺寸是否相符，品牌型号是否相符			
2. 确认开启门窗方向是否正确			
3. 确认涂装表面是否有明显刮伤或凹陷，刮伤底材则不可接受			
4. 铝窗所使用的螺钉是否为无磁性的不锈钢螺钉，避免生锈造成结构损坏			
5. 铝料间的结合需确认有无防水填充材（咬合功能），避免松脱、离缝			
6. 铝窗是否方正，误差须在 2 毫米以内			
7. 检查扣具、把手是否定位锁合			
8. 立框时注意垂直、水平与直角			
9. 立框时确认窗框各边预留 1 ~ 3 厘米的防水填缝，作为防水填充			
10. 立框填充水泥时是否有加适量防水剂（水灰比 1 ：2）			
11. 灌浆需注意有无泥浆溢流造成污损内外地、墙面			
12. 灌浆前要再次确认门、窗是否水平或垂直，避免施工后出现歪斜现象			
13. 架设铝门窗需确认内窗滚轮与把手活动是否灵敏			
14. 检查沟槽有无粉泥渣残留，若有须清除干净，避免造成沟槽刮伤及滚轮功能受损			
15. 采光罩与墙面结合处是否做好防水处理			
16. 安装玻璃有无预留伸缩缝，避免因撞击而破裂			
17. 大片固定玻璃是否加上铝压条及做防水处理，装完铝条再打一次硅胶			
18. 纱窗本身与结合框料是否稳固结合			

注：验收时于“勘验结果”栏记录，若未符合标准，应由业主、设计师、工组共同商定解决方法，修改后确认没问题，于“验收通过”栏注记。

Part 4

楼梯工程

黄金准则：楼梯施工要细致，对于焊接、螺钉接合、造型设计等要充分沟通。

早知道，免后悔

楼梯为空间穿透的主要结构体，具有多种建材的选择，可依照不同的产品呈现不同的风格与感觉，结构上使用的动线与安全是首要考虑的内容，因此，支撑力与减音系数成为楼梯施工的两大重点。

钢构楼不外乎采用钢铁材质，可分为不锈钢、铁制或特殊金属等，踏板可分为满板式、透空龙骨结合木踏板，或钢板式的，无论哪一种都应考虑到结合力与支撑力要足够。此类楼梯多运用在挑高房屋或者室内外空间，须注意的是金属价格波动大，避免时间差距而产生过大的价差。

至于其他非金属楼梯，扶手也有可能使用金属、木头、玻璃或者其他混合材质，为避免人员坠落，基本高度至少应达到 75 厘米，视安全性考量调整高度。扶手栏杆有的一面靠墙、一面不靠墙，金属栏杆要考虑数量换算，在不影响宽度下，楼梯多高栏杆就要有多长。

楼梯在上楼后转折的过程里，扶手栏杆会有收边问题，若没有做好接点处理，容易发生危险，设计师在楼梯设计图上要做好说明。

1 钢构

不锈钢、铁制或特殊金属。

老师建议

钢板厚度要足，焊接点数量切实到位，与楼板结构结合处密实固定，就能将楼梯发出的声响降到最低。

木梯与锻造铁件结合时必须确认结合是否密实

扶手与楼梯锁合

知识加油站

阳极处理

为一种电解过程，电解液通常为镀着金属的离子溶液，阳极与阴极间输入电压后，吸引电解液中的金属离子游至阴极，还原后即镀着其上。由于一般铝合金很容易氧化，阳极处理的目的即利用其易氧化的特性，借电化学方法控制氧化层的生成，以防止铝材进一步氧化，同时增强表面的机械性能

6招避免使用黑心楼梯

（1）楼梯踏步间距不要过大，以免人员掉落。

（2）先确认楼梯表面采取涂装或阳极处理，涉及使用年限长短。

（3）以焊接还是螺钉锁合，事先要沟通。

（4）不同材质结合差价大，要小心。

（5）估价时要列清楚细项如立柱、板子厚度、栏杆造型或涂装费用。

（6）选购前注意扶手是否能与现场楼梯结构互相吻合。

2 踏板

满板式、透空龙骨结合木踏板、钢板式。

3 扶手

金属、木头、玻璃、其他混合材质。

楼梯与扶手监工与验收

1. 楼梯避免撞击梁	要注意梁与楼板的高度，避免产生撞击点，也要检查梁下与楼板处是否结合好
2. 高度计算要准确	两个空间各有不同地面，例如 1 楼是木地板、2 楼是瓷砖，先确定 2 层地面的水平线高度，计入为楼板高度，与现有的高度整合计算
3. 须预留锁合空间	龙骨式楼梯以螺钉锁合木制踏板，要预留穿孔与锁合空间，且螺钉要选择平头或圆头的，比较美观安全
4. 踏板的厚度要够	踏板材质不同，处理与加工方式也不同，木踏板厚度至少 3 厘米以上，瓷砖、石材或钢板的厚度、支撑力要够
5. 龙骨须锁合楼板	龙骨与楼板间的结合点要确实锁合固定，避免产生晃动与松脱
6. 钢材厚度需 5 毫米	楼梯本身的钢材厚度要确认，至少要有 5 毫米以上，可视现场人员载重考虑增加
7. 焊接点磨平处理	楼梯的焊接点要做磨平与修边处理，油漆与烤漆修补要确实，维持表面平整与光滑的美感
8. 过长楼梯要支架	过长的楼梯底下记得要做支撑底架，确认是否垂直支撑
9. 侧板封板须美观	楼梯侧板的样式可考虑做二次表面加工，以求美观
10. 栏杆与坡度平行	扶手栏杆与楼梯坡度必须平行，异材结合要密实
11. 焊接避免留焊渣	焊接要注意有无焊渣或毛边，避免多余或不必要的皱褶与凹痕
12. 涂装前先去油渍	铁制品烤漆前要注意先做好去油、去锈处理，室内可使用红丹漆作为多层底漆防锈，焊接点则要做补泥子
13. 扶手考量载重性	学校的楼梯扶手，务必使用具一定钢性的材质，强度才够，而室外楼梯的扶手建议使用热浸镀锌处理材质
14. 锻造扶手要对花	注意花纹的对称点是否一致

楼梯及扶手监工验收清单

检验项目	勘验结果	解决方法	验收通过
1. 结合方式如焊接、螺钉锁合等工法，事先沟通清楚，否则会影响整体美观			

2. 注意梁与楼板的高度以及距离，也就是可能的撞击点，如梁下与楼板处，方便水泥结合			
3. 两个楼层之间的水平高度要准确计算，尤其楼层地板使用不同材质时也会影响到水平高度的数据			
4. 龙骨式楼梯以螺栓锁合木制踏板，要预留穿孔与锁合空间			
5. 楼梯本身的钢材厚度要确认，至少要有 5 毫米，以免影响楼梯载重			
6. 楼梯的焊接点要做磨平与修边处理			
7. 油漆与烤漆修补时是否切实，会影响整体美观			
8. 踏板的材质、处理与加工方式，要与设计师、工组确认施工方式，避免事后产生纠纷			
9. 不锈钢扶手使用焊接式工法时要避免焊渣、黑点产生			
10. 螺栓锁合所使用的螺栓长度是否适当，要避免牙崩情况，会造成意外刮伤			
11. 扶手在焊接或锁合时是否切实固定，焊接后有无做好防锈处理			
12. 装设时扶手栏杆和楼梯坡度是否平行			
13. 钢索式的不锈钢扶手，要注意钢索是否有断线情况			
14. 实木扶手与地面的结合方式是否牢固，转合处是否密实结合			
15. 铁制扶手的造形处要避免多余或不必要的皱褶与凹痕产生			
16. 铁制扶手的铁材厚度要足够，避免过薄情况发生，过薄会变形、断裂			
17. 铁制扶手要先确认烤漆颜色以及涂装的层数			
18. 是否考量楼梯架构与墙壁结构等结合后的载重力			
19. 焊接时地面有无做适当的保护处理，焊渣会破坏瓷砖石材			
20. 结构以锁螺栓结合一定要套垫片（加防锈处理）			
21. 室外钢构有无考量风压与表面防水处理			
22. 室外楼梯的扶手要使用经热浸镀锌处理的材质			

注：验收时于“勘验结果”栏记录，若未符合标准，应由业主、设计师、工组共同商定解决方法，修改后确认没问题，于“验收通过”栏注记。

Part 5

小五金工程

黄金准则：装修五金分为橱柜、厨具、木工，选用时要考量功能、维修便利与预算。

早知道，免后悔

五金多半藏在看不见的地方，但与使用空间的流畅、舒适度大有关系，价差也很大。装修五金分为橱柜五金、厨具五金、木工五金三大种类，一般可交互使用，进口与国产的价格有时会相差 5 倍，没有绝对的好坏，还是回归到预算上，就像进口车与国产车，各有优缺点，进口车若没有妥善保养与使用，也可能很快损坏，国产车若是细心照顾，也能开得长久。

五金包罗万象，除了门把、铰链、钉子，还有滚轮、滑轨等。门把种类繁多，材质多样，选购前应特别注意功能是否符合需要。至于铰链，则是广泛运用在各个门窗或抽屉，必须考虑角度、闭合方式（盖式或嵌入式）、孔位大小，若使用在门板上，还要考虑门板的厚度与重量、材质（金属、玻璃、木质），还有结合方式（焊接、锁上）等，最好选择经过机械测试，有开启次数数据的产品。此外，18 与 24 铰链不同，切莫混用。

至于滚轮，多用在拉门或窗户，须考虑门板的厚度、材质、重量，在功能性上分为上挂式、落地式、平贴式等，尤其是上挂式须先考虑轨道的种类，再选择适当的滚轮种类，最好先绘制施工图，也要考虑后续维修方便。轨道有一字形、V 字形与 U 字形，若采用无轨式立柱型，则切记要预留适当的接触点，而无论采用下轨或上轨式种类，都必须先确认轨形。

常见小五金种类

1 门把

分为固定式和可动式。

2 铰链

盖式铰链、入柱铰链、蝴蝶铰链、多角度铰链、埋入式铰链。

老师建议

贵不一定适合自身需求，要回归现有空间条件，欧式厨房多半宽敞，收纳五金不一定适合国内厨房尺寸，选用前要三思。

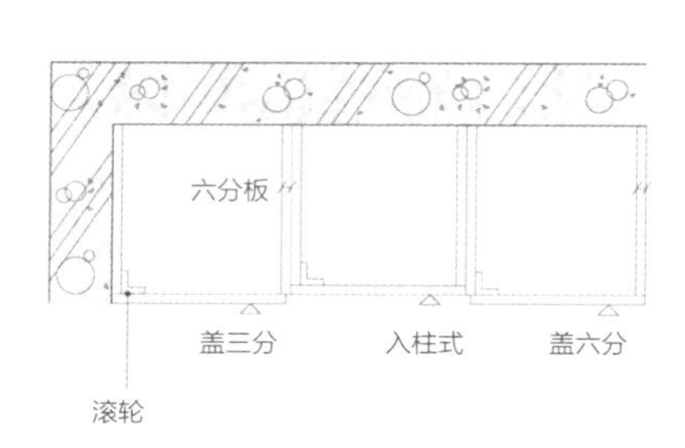

轨道施工图

滚轮

V 形滑槽 U 形滑槽 立柱式 踢脚线 上挂式

轨道种类

知识加油站

保养铰链轻松 2 招

好的铰链不定时做防锈及调整处理，就可以延长使用年限，可以经常检查螺丝是否松动，不定时调整铰链内的螺丝，避免因使用过久而有摩擦性杂音；而潮湿的地方偶尔做适当的防锈处理，上防锈油或润滑油，开合就会很灵活

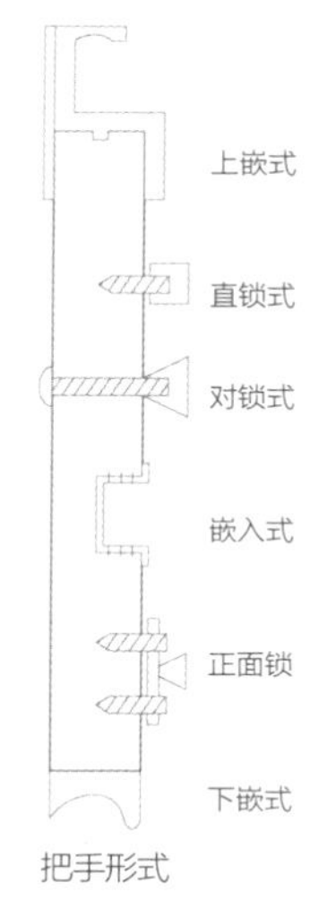

把手形式

小五金还包含抽屉滑轨，种类不外乎传统机械型、连动型、缓冲式连动型等，先确定使用功能需求，重点是要有适当深度；其中，缓冲式连动型滑轨国产与进口产品价差大，安装方式也不同，必须注意。

3 钉子

铁制钉、钢制钉、不锈钢钉、火药钉、正面性锁合螺钉、膨胀性锁合螺钉、穿透性对锁螺钉。

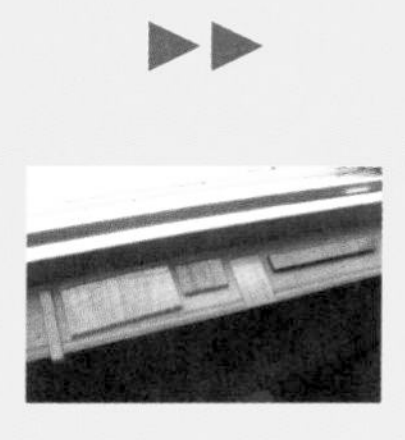

4 滚轮

上挂式、落地式、平贴式。

5 滑轨

传统机械型、连动型、缓冲式连动型。

把手部分种类繁多，有上嵌式、嵌入式、圆形、一字形、对锁式、直锁式、下嵌式等，选购的重点包括：先确定 4 孔原理、螺丝尺寸、门板的厚度，以及采用胶合或锁合的固定方式等。把手材质有金属、木头、玻璃、陶瓷，确认颜色、固定方式及位置，还要顾及后续更换的方便性。

放置于衣柜里的拉篮、吊衣杆等，也属于小五金范围，通常以不锈钢或氧化处理的铁为主要材质，选购重点在于固定性及整体美观，至于具有缓冲系统的小五金，无论是油压式还是齿轮式都要考虑载重量，尤其掀床、化妆台的机械性掀板，务必选择具有缓冲功能的，以防夹伤意外。

拉篮五金可选用缓冲式

各式钉类与使用须知

以铁制成的钉子，最早叫作“洋钉 ”，一般称之为“铁钉”，以英寸为单位，成本低，是以手工接合，一般适用在木作工程，如橱柜、壁板。铁钉分为裸铁（不做表面涂装）及镀锌镀亚涂装处理两种，建议不要使用在潮湿空间。

不锈钢钉是铁与一定的镍的结合而制成的钉子，标准的不锈钢钉含镍量较足，可以用磁铁做测试，可吸附则表示含铁量较高，一般表面不做涂装。无论是木作或泥作，均适合使用。好处是不会因为生锈而造成锈蚀断钉或锈渍产生。若适用于户外做材质接合，像是阳台、骑楼天花板等，一定要使用不锈钢钉。

螺丝的使用，不外乎靠旋转式的扭力而锁合、穿透性的对锁以及膨胀性锁合。所谓的“正面性锁合”，尾部属于尖锐型，头部有圆头、扁头、十字形、一字形的，也有铁制、钢制与不锈钢制。正面性锁合的螺钉适合锁在木制类、塑胶、硅酸钙板等软性材质上。

膨胀性锁合螺钉是借用尾部扩孔原理，使被锁合物达到一定的结合力，其材料多样，有铁制、不锈钢制与塑胶制三种。不锈钢膨胀性锁合螺丝钉适合室外与浴室等容易受潮的空间。至于塑胶与铁制的膨胀性锁合螺丝钉，其造型多样，可在各种不必负荷重物的地方使用，像是挂衣架、轻隔间等。

所谓“穿透性的对锁”，是属于有螺栓与螺帽组合，螺栓是平头，一般运用在板与板之间的接合。有的则不用螺帽，分为外六角、内六角以及梅花型，因施工要求来决定适当的螺栓种类与使用方式。最常运用在系统家具与厨具上。

钉长应为被钉物厚度的 2 ~ 2.5 倍

知识加油站

尾部扩孔原理
例如钻个 1 厘米的孔径，借由螺丝锁合的过程，不管是压或拉的方式，使尾端的材料达到一定的膨胀而造成扩大，变成一种支撑力，比原始钻的孔洞口径更大，使被锁合物固定更加牢固

门把监工与验收

1. 塑胶类内置金属螺纹	考虑耐用性，本身成分是否耐压，里面锁合处是否容易松动，测试边缘是否容易掉漆
2. 金属类电镀应当均匀	铜制品注意螺孔内部是否完全为铜的颜色，避免与替代金属混淆；大多数金属采用电镀，涂装与电镀过程要均匀，表面不可有撞击与凹痕、刮痕与掉漆
3. 木制品颜色、纹路一致	颜色与纹路、色泽不能相差太大，检查螺孔底座是否容易松动
4. 玻璃压克力应无毛边	材质本身结合处要注意锁合、贴着是否密实，勿有松脱的情形，也不可有毛边、缺角或者凹陷、抛光不均
5. 确定 4 孔锁合要密实	确定 4 孔施工后，避免更换把手，埋入、嵌入式把手孔径要确定，贴着、锁合要注意
6. 确认螺栓施力勿过大	要确定螺栓长度、螺牙牙径、平头或圆头，锁螺栓在穿孔时，避免施力过大，造成出口处破损
7. 玻璃门要先安装垫片	锁玻璃门要装上适当垫片，以免造成爆裂
8. 确认被锁物的支撑力	正面锁合要密实，被锁面厚度要足够，木板与夹板等材料避免过薄，以免拉力过大时脱落
9. 把手位置要确认校正	确定有无高低偏位，同一面积的把手锁合，可先打水平线，定出标准高度线

铰链监工与验收

1. 看门板与选铰链	铰链使用的数量与荷重及门板的重量有关，厚度与间隙不同，使用的型号也不同
2. 表面均匀无毛边	电镀应均匀无生锈，也要避免金属皮膜脱落或毛边
3. 测弹簧的韧性及弹力	铰链内有簧片或弹簧，可测试韧性及弹力是否足够
4. 看说明书再安装	先了解型号及安装方式，参照原厂说明施工，也要注意 4 孔原理
5. 要进行开启测试	安装后一定要做开启测试，注意是否有杂音
6. 边缘缝隙须适中	门板与柜子间边缘的缝隙不能过大或过小，可适当调整
7. 门板间对称平整	门板与门板之间不能倾斜，上下左右要对称平整
8. 不可用替代螺栓	螺栓使用原厂或同型号螺栓，避免使用替代螺栓，也要避免过度强力结合，以免破坏柜体或门板
9. 玻璃式铰链要使用垫片	玻璃式铰链要使用垫片，避免铰链碰触到玻璃造成爆裂

五金把手监工验收清单

检验项目	勘验结果	解决方法	验收通过
1. 塑胶门把本身材质是否耐受门把压力			
2. 塑胶螺牙锁合时要注意施力，过于猛力会造成牙崩			
3. 铜制品螺孔内部的材质是否完全为铜			
4. 表面没有撞击与凹痕、刮痕与掉漆			
5. 毛丝面抛光处理要均匀			
6. 贴饰材要确认结合牢固			
7. 背后与正面的孔位是否对称			
8. 木制把手螺孔底座结合是否密实			
9. 压克力把手结合处的锁合、贴着是否密实			
10. 对于嵌入式的把手，确认各面涂装都切实			
11. 螺纹长度、螺牙牙径、螺栓头形状都已确认			
12. 玻璃门锁合要装上适当垫片			
13. 被锁物的支撑力足够			
14. 埋入或嵌入式把手孔径正确			
15. 把手已经过校正，确定没有高低偏位的情况			

注: 验收时于“勘验结果”栏记录，若未符合标准，应由业主、设计师、工组共同商定解决方法，修改后确认没问题，于“验收通过”栏注记。

铰链监工验收清单

检验项目	勘验结果	解决方法	验收通过
1. 用的铰链种类要确认			
2. 电镀涂装切实均匀			
3. 簧片与弹簧的韧性切实足够			
4. 铰链没有金属皮膜脱落与毛边的情况			
5. 确实按照 4 孔原理安装			
6. 做开启测试，确认没有杂音产生			
7. 门板与柜子的缝隙适中			
8. 结合点没有松脱情况			
9. 门板与门板之间无倾斜的情况			
10. 底座或门板的厚度与支撑力都足够			
11. 玻璃式铰链要使用垫片，避免玻璃爆裂			

注：验收时于“勘验结果”栏记录，若未符合标准，应由业主、设计师、工组共同商定解决方法，修改后确认没问题，于“验收通过”栏注记。

施工前 拆除 泥作 水 电 空调 厨房 卫浴 木作 油漆 金属 **装饰**

▲

Chapter 12

装饰工程

空间基础工程做扎实，最后用表面修饰材料为空间质感加分。

在装修后期阶段的装饰工程，包括窗帘、壁纸、地毯等工程，可说是为空间修饰做个美丽的收尾。壁纸可以有很多变化，贴壁面或柜面都很适合，是不想油漆粉刷时的最佳选择。窗帘既有功能性又具装饰性，往往“小兵立大功”，安装时有些事项要留意，免得功亏一篑。在空间铺设地毯，可以区隔使用范围又能创造层次感。种种装饰工程都各自有施工的程序，循序监工，确保品质，就能打造一个有质感的空间。

项目	必做项目	注意事项
壁纸壁布工程	1. 壁面平整度高壁纸贴起来才好看； 2. 验收材料注意花色、颜色的均匀度	1. 壁纸若要对花，耗材会更多，需事前提出，避免争议； 2. 施工溢胶一定要立即清除
特殊壁材工程	1. 输出海报视张贴地点选材质； 2. 根据现场尺寸先打板做确认	1. 人造皮不可用于日照强烈处，以免褪色、脆裂； 2. 坐垫厚度和拉链位置要注意舒适度和美观
窗帘工程	1. 事先规划窗帘需求表，确认材质和配件； 2. 如有木作窗帘盒，要注意尺寸	1. 窗帘尺寸要略大于窗户，避免漏光； 2. 使用防火布，要认明标识
地毯工程	施工时确认地毯毛向，以免铺完出现阴阳面问题	地毯要平整无痕，地面瓷砖缝要填平

装饰工程常见纠纷

（1）满心欢喜地做了遮光窗帘，拉起来边缘却会透光。（如何避免，见 246 页）

（2）想装纱帘，定做后才发现窗帘盒无法再加装一条轨道，只好拆掉木作。（如何避免，见 246 页）

（3）绷皮床头板竟然裂开了，到底是哪里出了问题？（如何避免，见 240 页）

（4）壁纸对花不是工人分内的事情吗？为什么他们说对花要加钱？（如何避免，见 236 页）

Part 1

壁纸壁布工程

黄金准则：无论贴壁纸还是壁布，维持贴着面的平整，是工程的第一步。

早知道，免后悔

壁纸及壁布都属于装饰建材的一种，具有相当多的花样与色彩，材质也十分多样，有些在表面加工上，可让质感产生更多的变化。壁布最主要的特质，就是可以将布的质感呈现在壁面上，与壁纸一样，也可以让壁面有更丰富、缤纷的样貌，而且施工方便、更换容易，相当受欢迎。

只是，若施工不慎，壁纸容易出现剥落，或者凹凸不平，这与施作工人的专业水平及环境的潮湿度有关。由于科技发达，现在的壁纸贴着剂品质都很好，只要能控制施工品质，贴完后的空间都具有一定的质感。

由于壁纸表面都会有一层 PVC 层，所以具有耐擦洗、表面抗潮、好保养的特性，如果施工时工人的贴工好，业主的保养也到位（比如屋内经常保持空气流通），维持 5 ~ 8 年都不是问题。必须注意的是，有时靠近门窗边的壁纸会出现翘曲，这时可以先把底部擦干净，再使用适当的黏着胶如白胶，抹上贴平即可。如果壁纸的接缝处出现黑黄的条纹，则表明施工时曾出现溢胶，但当时没有处理，因而长霉、长斑，又有灰尘附着，所以在施工时若发现溢胶，一定要立即清除。

壁纸验收需注意型号、颜色等信息

挑壁纸6大注意事项

1 确定背面的标识符号，如防日晒、耐水洗、易擦拭等，或有防火标识。▶▶

2 好的产品花色应该一致，且颜色均匀。▶▶

3 图样纹路方向一致。▶▶

老师建议

壁纸、壁布长期潮湿容易发霉脱落，最好贴附在室内墙，若是贴在室外墙要做结构性封板。

大部分壁纸都是高张力的底纸，表面再做一层 PU 发泡剂，经过涂布、印花上色，再经热高压而成型，也有纯纸壁纸，或表面为金属材质、自然纤维、动物的羽毛等多种材料，还分为国产与进口，计算单位不同。对于想节省预算的人来说，或许可以考虑自己贴壁纸，但可能在平整度、对花以及收尾的工作上，没有专业工人贴得那么美观。

至于壁纸是不是越厚越好呢？答案是不一定。由于壁纸的底层使用无纺布透气纸，层层加工因而产生厚度，无关好坏，主要由底纸的品质而定。另外提醒读者，有些壁纸会有臭味，这是因为在印染色的时候加了溶剂而没有处理彻底，所以释放出甲醛溶剂的味道，建议选择时要注意品质。

知识加油站

计算壁纸用量	国内的壁纸如为宽度 53 厘米 x 长度 1000 厘米，为 4.95 平方米，又称为 1 支，计算贴附面积时，以壁纸长度可切割为几片，再加上适当的耗料，即可计算出整个空间所使用的壁纸支数
壁纸平整的诀窍	贴壁纸一开始就要确认壁面的打底、批泥子工作有无做好，万一打底成本太高，可以适当地加上木壁板或水泥质的封板，以保持平整

打底、批泥子做切实，壁纸自然能贴得平整

壁纸是为空间质感加分的装饰建材

4 无刺鼻气味。 ▶▶ **5** 不要买清仓货品，以免事后无法维修。 ▶▶ **6** 检查纤维壁纸有无脱毛离线。

壁纸监工总汇
贴壁纸 14 大须知

1. 施工单位要事先与设计师在壁纸图上确认壁纸贴附的位置，以避免误贴

2. 记得做垂直线放线，作为一开始贴壁纸的依据，这会影响壁纸的垂直点与收边工作

3. 要注意壁面的平整度，若有裂缝要先修补，如果易潮湿或易生霉菌，要先用防霉剂处理

4. 注意各种水路、电路管线是否已经就位，天花板如需开挖灯孔，要先挖孔再贴壁纸

5. 如果是纤维型的壁纸，避免沾染施工的灰尘。万一沾到，须要求重新施工

6. 胶须有适当的黏稠度，也不能有杂质，否则会影响平整度

7. 容易长霉的壁面，可以先用胶水加上适量的防霉剂做均匀的涂抹，避免事后产生霉菌

8. 转角位置贴附前，切实做好贴着剂的补强

9. 切割面的拼花要准，如难以对花，要检查是否为壁纸本身的印刷问题

10. 小心检查是否有溢胶情况，要在第一时间用干净的布擦拭干净

11. 边缘处须加强密合，可用胶轮压密，防止翘起

12. 日照处要留伸缩缝，如转角点在太阳照射位置或有踢脚板，须预留 1 ~ 3 厘米做地面透气缝的间隙

13. 施工完毕要清理，剩余壁纸勿任意丢弃，以免地面黏着与脏污

14. 预留壁纸编号纸样，并预留 6.6 ~ 9.9 平方米的壁纸，作为事后修补用

壁纸工程验收清单

检验项目	勘验结果	解决方法	验收通过
1. 确认墙壁无壁癌、平整度问题			

2. 施工时是否做垂直线，作为贴壁纸时垂直点与收边的依据			
3. 施工计划表是否确定每个空间的壁纸颜色、编号等			
4. 施工前仔细检查墙壁有无污渍或是否潮湿，避免剥落、产生气泡			
5. 胶料是否以适当黏稠度、无杂质施工，避免产生平整度问题			
6. 转角点、窗角等是否以白胶涂抹做加强处理			
7. 易长霉的壁面，加上适量防霉剂均匀涂抹，避免长霉			
8. 施工前检查壁纸尺寸，比对纹路、色差，避免尺寸偏差或材质不良造成无法对花			
9. 有无避免凸角的转角处接纸，以免碰触后产生剥落			
10. 窗边或阳光易照射处要预留适当伸缩尺寸，避免收缩后产生缝隙			
11. 壁纸切割时避免毛边或不规则，影响整体美观			
12. 布胶是否均匀且阴干后再做铺贴动作，让底纸适当吸着胶剂			
13. 铺贴时溢胶是否以干净湿布或海棉蘸水擦拭，避免泛黄、发黑或发霉			
14. 壁纸间的接缝处是否紧密压实，将接点做细腻收尾			
15. 铺贴时是否确认正反面相同，避免贴反或顺逆向			
16. 壁纸有无留下同批号的纸样，并留 6.6 ~ 9.9 平方米壁纸于修补时使用			
17. 出孔线处是否做整片铺贴再挖空，避免切割拼贴			
18. 出孔收边有无美化			
19. 踢脚板收边预留离地 3 ~ 5 厘米作为透气缓冲			
20. 天花板与墙壁结合处若无线板，收尾注意避免因切割线造成纸边的色差			

注：验收时可在结果栏记录，若不符合标准，应由业主、设计师、工组共同商定解决方法。

Part 2

特殊壁材工程

黄金准则：特殊壁材也可用来装饰柜体门片，运用得当可起到画龙点睛的作用。

早知道，免后悔

除了壁纸与壁布外，其实也有皮革、输出海报等特殊的壁材，可以打造独特的风格，输出海报的变化多样以及压克力材质所带来的效果，也可以通过灯光的变化营造出更多的视觉体验。除了壁面之外，特殊壁材也可以使用在柜体门板的装饰上，只要发挥巧思，运用得宜，就可以获得画龙点睛的效果。

皮革建材分为人造与天然的材质，如动物皮面，经过多种或不同层次的加工，表面呈现自然感觉。目前人造皮运用塑胶与化学合成的技术相当先进，所制造出来的皮面具有与天然皮相同的质感，除了运用于沙发外，也已广泛使用于壁面修饰，或结合泡棉使用，作为橱柜的表面修饰等。

人造皮应避免过度日晒

一般皮革的保养，选择适当的皮革保养品定时保养即可。若是人造皮建材，则必须避免过度的太阳照射，若遇污渍，则应用干毛巾擦拭，或用皮革去渍用品去除。

输出海报

随着 3C 产品的发展，以输出海报方式装饰壁面越来越热门。一般输出海报使用在具有高张力的地方，比如帆布、塑胶布或皮面，分为室内与室外型，以及透光与不透光型。近年来，因为输出海报价格便宜且施工方便，也常使用在橱柜表面。

常见特殊壁材

1 皮革建材

壁面修饰，结合泡棉使用，运用在橱柜表面修饰，或床头、沙发等，作为修饰造型壁板，又称为壁软包。

木作柜包覆皮革

老师建议

装饰工程的建材多样，地面建材也可以用于壁面，运用得当，就可以轻松打造个人风格空间。

壁面软包施工流程

一般使用合成皮或布，再经由专业的加工方式，可成为室内设计美化的另一种品味呈现，施工方式如下：

（1）根据现场尺寸打板裁切。

（2）选择皮或布的材质种类。

（3）考虑想要的泡棉的厚度。

（4）考虑表面有无修饰性加工，如镶水晶、纽扣、滚边坠饰等外加的配件、饰品。

坐垫的做法，除了注意以上流程之外，最重要的是要考虑坐垫的厚度与硬度，以及外套拆换清洗时的方式，如拉链的位置与做法等。

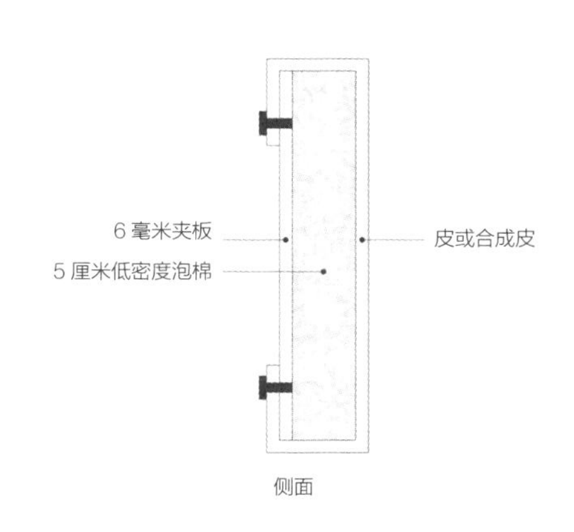

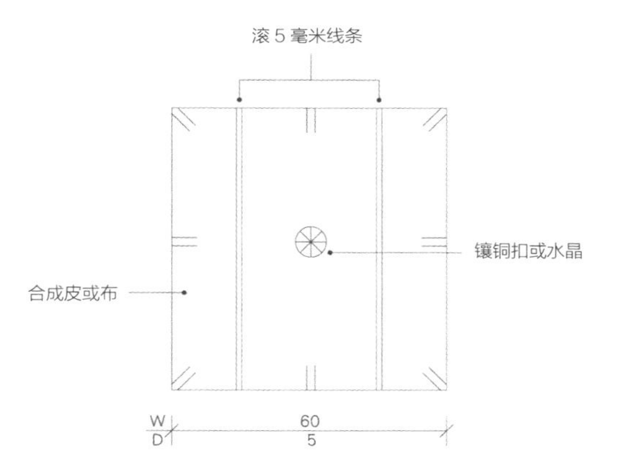

2 亚克力

壁面修饰或做招牌，甚至于家具桌椅、隔间造型等。

3 输出海报

使用在墙面，或橱柜背底。

大图输出

壁材监工总汇
皮革、输出海报监工 20 大须知

1. 确定皮样及厚度，检查表面的押花纹路是否均匀，天然皮要避免表面有病变或伤痕

2. 不应有刺鼻气味，经过染色的皮面，要闻一闻是否有过度刺鼻的味道或异味

3. 可擦拭表面，测试染色是否可靠，再从不同方向做简单拉扯、扭拉，测试表面韧性

4. 表面经过加工的皮面，例如植绒式或麂皮类等有纤维者，须留意皮面是否有抗污处理

5. 注意是否有多层缓冲车线，车缝是否加强拉力，用拉扯的方式检查车缝位置是否容易有破洞、脱线

6. 尽量减少使用高甲醛的贴着剂，闻一闻便知道

7. 皮革与甲板如有使用结合钉，要注意钉子是否过长，避免造成皮面受损或人员意外伤害

8. 转角结合勿太紧，注意是否有凹凸面，或绷得太紧、太松

9. 若皮面有金属结合如透气孔，要避免有毛边或边缘破损

10. 大图输出确定版权问题，避免侵犯知识产权

11. 解析度要足够，图样放大有无产生颗粒

12. 图面上的色泽变化是否与原稿有明显误差

13. 贴着式底材确认厚薄与材质，做好平整处理，室内贴着时避免有气泡产生

14. 如需透光效果，要确认纸面的透光度以及是否耐高温

15. 表面不能有明显的刮痕、皱褶、污渍、瑕疵，皮膜处理方式是否符合需求

16. 贴着方式正确，要确定贴着可以与底材密合

17. 要对称与对花，拼贴时注意纹路与图样的一致性

18. 边角处理切实，检查收边处理是否切实，加强贴合，避免翘曲

19. 用于室外型的输出海报，要注意风雨影响，悬挂贴着要稳固

20. 被贴底材要注意是否容易受潮，或有壁癌而出现剥落情况

特殊壁材工程验收清单

检验项目	勘验结果	解决方法	验收通过
1. 确定皮样如厚度、加工的纹路与花样			
2. 表面的压花纹路是否均匀			
3. 染色皮面是否有过度刺鼻气味或异味			
4. 皮面的韧性是否足够			
5. 皮面是否经过抗污处理或有易清洁的功能			
6. 车缝线式的皮面是否有多层缓冲车线			
7. 车缝位置是否容易破洞、脱线			
8. 结合钉是否过长			
9. 皮面有金属结合，要避免毛边或边缘破损			
10. 坐垫式拉链是否固定切实			
11. 确定图样没有版权纠纷			
12. 图面上的色泽变化是否和原稿有误差			
13. 表面是否有明显的刮痕、皱褶、污渍、瑕疵			
14. 边角收边处理是否切实			
15. 纹路与图样有无对称与对花			
16. 底材是否确实做好平整处理，若无则贴着后会产生凹凸面			

注：验收时可在结果栏记录，若不符合标准，应由业主、设计师、工组共同商定解决方法。

Part 3

窗帘工程

黄金准则：装设窗帘要注意水平和垂直校准，才会对称美观。

早知道，免后悔

千万不要小看窗帘的设置，选得好为空间质感加分，选不好破坏整体空间感。窗帘工程从布材的选择，到遮光性、防火性等功能的确定，还有相关配件，只要施工得宜，就可以让窗帘的装饰效果达到最好、最美！窗帘分为很多种材质，包括印花系列以及天然素材的布，一分钱一分货，有些窗帘虽然本身有遮光处理，但仍要视布质的厚薄而定，如果对遮光效果要求较高，最好搭配有车缝内里的专属遮光布。

窗帘的价格差距很大，有些厂商的布料采用一次性的大量采购，就可以压低价格，不过窗型小或是用量少，成本绝对比大型窗户来得高，当然，若是选择特殊窗型，成本也会增加。由于各空间使用的窗帘品牌、布料、颜色图案等需求会有所不同，还有固定座、束带等相关配件，不妨列出窗帘需求表，就可以一目了然。

避免买到黑心窗帘5大法则

1 布样要先确定好，并了解实际尺寸与材质特性。 ▶▶

2 车缝线要注意线色、接线、线距。 ▶▶

老师建议

做到窗帘时通常已接近装修尾声，要注意勿污损已做好的天地壁，对于钻洞时的粉尘，要准备好吸尘器即时清理。

窗帘需求表

工程名称：

业主：　　　　工程负责人：　　　　电话：　　　　紧急联系电话：

项目 空间	品牌	布号	型式	尺寸	束带	固定座	帽盖	轨道	数量	备注
客房										
儿童房										
和室										
主卧 1										
主卧 2										

说明：

型式：对开帘、无缝纱、波浪帘、卷帘、罗马帘、百叶窗、直帘……

帽盖：形状可依个人喜好选择不同款式，也可不要帽盖

固定座：依材质不同可以选择锻造、水晶、塑化……

束带：可用同色系布料制成，也可选择流苏窗饰

轨道：有整条的钢、铝、塑料或托架式木制、锻造等

3 布边要内折，避免毛边。

4 接布要对花、对色。

5 布幅要足够，标准为窗宽 2 倍布，可至 3 倍，造型较美。

窗帘监工总汇
安装监工 10 大须知

1. 轨道尽量锁在结构体上，若锁在天花板，则板材的厚度要够，避免载重与收拉时脱落

2. 要预留比窗户大的尺寸，上下左右等边缘要多出 5 ~ 10 厘米做遮光处理，避免布料不足而出现余光

3. 木制窗盒预留轨道深度，如 2 层以上的窗帘（窗帘与窗纱）

4. 窗帘盒要注意深度是否会影响到衣柜或高柜门板的开启

5. 扣环、螺钉、滑杆、滚轮等，尽量使用不锈钢或防锈材质

6. 拉绳要预留适当的长度，拉力也要足够，避免使用塑胶材质的拉绳

7. 窗帘缀饰、收边是否平整，车线与布色是否一致，车线高低要相同

8. 木制窗帘要先做好防潮、干燥处理，避免日后变形或褪色

9. 避免手脏后碰触壁面，若使用梯子切勿毁损地面，钻固定孔座时，要使用吸尘器吸除粉尘

10. 每块防火布都要经过申请才会有编号，要注意是否与之前申请的号码一致

窗帘工程验收清单

检验项目	勘验结果	解决方法	验收通过
1. 是否确认布样编号、材质，价格会有很大差异			
2. 确认车缝线有无接线情况			
3. 检查压收边部是否内折、有无车布边的动作，否则会有毛边线			
4. 确认接布处有无对花、对色，以及布纹走向有无一致性			
5. 挑选布样是否确认幅宽（长）足够做整窗造型			
6. 锁轨道是否锁在结构体上，避免载重与收拉时脱落			
7. 布长及布宽预留 5 ~ 10 厘米做遮光处理，避免出现余光			
8. 木制窗帘盒是否预留足够深度放置多层轨道，如窗帘与窗纱			
9. 拉绳是否留有适当长度，拉力是否足够			
10. 检查窗帘坠饰、收边是否平整，车线与布色是否一致			
11. 木制窗帘有无做好干燥或防潮处理，避免变形与褪色			
12. 安装时避免手脏后碰触壁面及窗帘布面，影响美观			
13. 地面、墙面是否做防护措施，避免工人使用梯子而致木地板不平或瓷砖出现刮痕			
14. 钻固定孔是否使用吸尘器吸除粉尘			

注：验收时可在结果栏记录，若不符合标准，应由业主、设计师、工组共同商定解决方法。

Part 4

地毯工程

黄金准则：地板要平整不能有电线，门边、楼梯要用金属、塑胶压条收边。

早知道，免后悔

铺设地毯，可让空间产生区隔及层次感，也可以营造出整体的质感，只要施工正确，平日做好保养，就可以利用地毯打造出个人所需要的空间风格。

很多人会问地毯是不是很难清理呢？其实不会，建议平常做好吸尘处理，就可以把杂质吸掉，纵使沾到有色的饮料（咖啡、茶）或水渍，用不同的清洁用品也可做妥善处理。

至于铺塑胶地板好还是地毯好，这就要看个人了，塑胶地板可仿做石材、木纹、金属等不同图案，但触感比不上地毯。有时在地毯上会看到瓷砖的缝线，主要是因为瓷砖施工的时候表面不够平整，之后又把地毯直接铺在瓷砖上，经过长时间重压，就会出现缝线痕迹，所以一开始要把瓷砖或其他地面上的缝做填平处理，再铺设地毯就可以避免这类问题。

挑选地毯两大法则

1

地毯表面及收边都要确认无脱线（毛）的问题，仔细检查再采购，否则可能会发生之后持续掉毛与脱线的问题，造成全面性的破坏。

老师建议

地毯最好不要铺设在一层或地下室，容易受潮。

2

地毯毛向要确认，避免有阴阳面的感觉，会影响整体视觉美感。

地毯监工总汇
铺设地毯监工 17 大须知

1. 依图面决定接合面位置与收边处理，一般收边时会钉压条或金属条做加强

2. 地毯有厚度，要注意是否因距离过近而影响到门的开关

3. 铺设前彻底清洁地面沙尘或杂质，否则会影响贴着的牢靠度，也要注意地面是否过于潮湿，避免影响地毯品质

4. 地面的平整度如果不足，可以木质地板或水泥做底面处理，但要防范使用水泥时过度潮湿而黏着不牢靠

5. 检查地面与墙壁的边角收边垂直与平整的问题，若地面有泥渣，会有收边不平整的情况

6. 先确认地面的水电管线铺设是否完成，避免直接铺在管线上，造成凸起与不平整

7. 所有直贴式地面比如瓷砖、木地板，要避免有空心凸起的情况，而造成局部的不平整或脱落

8. 如果贴在架高式地板上，要确定夹板的厚度够不够支撑重量

9. 布胶时，布胶面要做适当处理，贴合后注意地毯是否有拱起，或者水条纹的情况

10. 满铺时要避免地毯翘边的情况，最好先放置一段时间，等到地毯变平后再上胶

11. 地毯片与片之间的结合处，避免位于出入口、动线区，以免因为人员走动造成脱落

12. 地毯在施工后，接合面一定要平整，可做滚轮加重压的处理，使地毯贴着面完全贴合

13. 施工后 3 ~ 5 天之内，禁止进入踩踏或放置重物，并要做好适当防护

14. 铺贴完成后严禁还有他项工程施工，地毯必须是最后一项工程，避免造成后续清洁困难

15. 要注意防火标识编号是否与规定相符合

16. 楼梯铺设地毯时，要注意楼梯角、阴阳角的接合面，适当地加上压条或固定条，可避免脱落危险

17. 搬运时严禁以拖拉方式与地面产生摩擦，造成脱线与离线

地毯工程验收清单

检验项目	勘验结果	解决方法	验收通过
1. 确实检查收边与表面有无脱线（毛）状况，避免持续掉毛造成全面性破坏			
2. 检查地毯毛走向及有无阴阳面，以免影响美观			
3. 是否依施工图面决定接合面的位置与收边处理，一般收边会钉压条或金属条加强处理			
4. 地毯设置有无考量是否影响门的开启区域			
5. 施工前地面是否清理干净，不可因潮湿而影响地毯品质			
6. 确认地面是否平整（可用木地板或水泥作底面处理）			
7. 有无检查地面与墙壁边角的垂直与平整度			
8. 施工前地面水电管线是否完成，避免直接铺在管线上造成凸起不平整			
9. 所有直贴地面如瓷砖、木地板是否空心凸起，会造成局部不平整或脱落			
10. 贴在架高式地板上时是否确认地板厚度的支撑力			
11. 布胶时是否做适当处理，贴合后注意有无拱起或水条纹			
12. 满铺时是否翘边，平放一段时间再上胶铺贴			
13. 地毯片的接合处是否位于出入口、动线区			
14. 施工后接合面是否平整，是否滚轮加重压处理			
15. 施工后 3 ~ 5 天是否放置重物或踩踏，有无做表面防护避免污损			
16. 铺贴完成后是否施工其他工程，地毯应属于最后施工项目，以避免污损			
17. 检查防火标识编号是否与规定相符合			
18. 铺贴楼梯时是否注意楼梯角、阴阳角的接合面，宜适当加上压条或固定条			
19. 搬运时是否以拖拉方式与地面产生摩擦，易使地毯出现脱线状况			

注：验收时可在结果栏记录，若不符合标准，应由业主、设计师、工组共同商定解决方法。

《监工验收全能百科王：华人世界第一本装潢监工实务大全，不懂工程也能一次上手》

版权合同登记号/14-2018-0068

图书在版编目（CIP）数据

装修验收全能百科王 / 许祥德著. -- 南昌 ：江西科学技术出版社，2018.6
ISBN 978-7-5390-6317-1

Ⅰ. ①装… Ⅱ. ①许… Ⅲ. ①住宅－室内装修－基本知识 Ⅳ. ①TU767

中国版本图书馆CIP数据核字(2018)第080285号

国际互联网（Internet）
地址：http://www.jxkjcbs.com
选题序号：ZK2017289
图书代码：B18035-101

责任编辑 魏栋伟
特约编辑 蔡伟华
项目策划 凤凰空间
售后热线 022-87893668

装修验收全能百科王　　许祥德　著

出版发行　江西科学技术出版社
社址　南昌市蓼洲街2号附1号
邮编：330009 电话：(0791)86623491 86639342(传真)
印刷　北京博海升彩色印刷有限公司
经销　各地新华书店
开本　710 mm×1 000 mm　1／16
字数　302千字
印张　15.75
版次　2018年6月第1版　2018年6月第1次印刷
书号　ISBN 978-7-5390-6317-1
定价　88.00元

赣版权登字－03－2018－76